林下养蜂技术

LINXIA YANGFENG JISHU

罗文华　黄　勇　刘佳霖　主编

中国科学技术出版社

.北　京.

图书在版编目（CIP）数据

林下养蜂技术 / 罗文华，黄勇，刘佳霖主编 . —北京：中国科学技术出版社，2017.1（2017.11 重印）

ISBN 978-7-5046-7385-5

Ⅰ.①林… Ⅱ.①罗… ②黄… ③刘… Ⅲ.①养蜂业 Ⅳ.① S89

中国版本图书馆 CIP 数据核字（2017）第 000889 号

策划编辑	乌日娜	
责任编辑	乌日娜	
装帧设计	中文天地	
责任校对	刘洪岩	
责任印制	徐　飞	

出　　版	中国科学技术出版社	
发　　行	中国科学技术出版社发行部	
地　　址	北京市海淀区中关村南大街16号	
邮　　编	100081	
发行电话	010-62173865	
传　　真	010-62173081	
网　　址	http://www.cspbooks.com.cn	

开　　本	889mm×1194mm　1/32	
字　　数	183千字	
印　　张	7.75	
版　　次	2017年11月第1版	
印　　次	2017年11月第2次印刷	
印　　刷	北京威远印刷有限公司	
书　　号	ISBN 978-7-5046-7385-5 / S・618	
定　　价	25.00元	

本书编委会

主 编

罗文华 黄 勇 刘佳霖

副主编

戴荣国 高丽娇 王瑞生

编著者

姬聪慧 任 勤 程 尚 曹 兰

殷素会 章志国 龙小飞 周选举

邓 娟 陈胡燕 鲁必均

Preface 前言

　　蜜蜂是人类的朋友，在地球上已生存了上亿年之久，人们从认识蜜蜂、饲养蜜蜂、利用蜜蜂到不断开发各种蜂产品的过程中，形成了许多丰富多彩的蜜蜂文化。蜂产品是天然的营养和保健食品，为人类的健康做出了巨大的贡献；养蜂业是我国传统的养殖业，具有悠久的历史和灿烂的文化。目前，我国的蜂群保有量和蜂产品产量均名列世界第一，是名副其实的养蜂大国。但是，我国还不是养蜂强国，养殖技术和机械化水平还相对落后，蜂群的平均产量还相对较低，蜂产品品质还有待进一步提高。

　　我国地域辽阔，具有丰富的蜜粉源植物，森林资源、草原资源、农作物资源等蜜粉源植物，分布广且种类多。尤其是森林资源，为林下养蜂提供了重要的物质基础。近年来，我国的养蜂业发展迅速，正从传统的养殖方式向安全、高效、绿色的养殖方式转变；林业经济也在探索复合型、生态型和多元化的经济模式，也为发展林下养蜂奠定了理论依据。

　　蜜蜂在采集花蜜的同时，也为蜜源植物进行授粉，使植物的遗传物质得到延续，提高了植物种子的结实和发芽率，目前我国局部地区的森林面积正逐步减少，荒漠化、沙漠化面积逐步增加，退耕还林还草、防止水土流失已成为生态治理的主要措施。而种植林木蜜源植物，发展林下养蜂，既可以充分发挥蜜蜂对生态的修复作用，又能获得较好的养殖效益，实现林业和养蜂业双赢的目标，也是山区农民脱贫致富的有效途径。

该书系统地介绍了林下养蜂、蜂场的建立、蜂群的基础管理、四季管理、病虫害防治、优质蜂产品生产等方面的技术知识。该书既有一定的基础理论，又有实践经验介绍，内容丰富、浅显易懂，是广大蜂农朋友、基层农技人员和养蜂爱好者的良师益友。

和绍禧 教授

国家蜂产业技术体系岗位科学家

云南农业大学东方蜜蜂研究所所长

2016 年 8 月 19 日

Contents 目 录

第一章

林下养蜂概述

我国养蜂历史悠久，是中华蜜蜂的发源地。原始社会时期，蜜蜂处于野生状态，在树洞、石穴中筑巢，人们多采用毁巢取蜜的方式获取蜂蜜；东汉时期，据《高士传》记载："姜岐隐居山林，以畜蜂豕为事，教授者满天下，营业者三百人"，人们开始学习驯养蜜蜂，姜岐也成为我国的养蜂鼻祖。20 世纪初，随着西方蜜蜂的引入，活框养蜂技术开始在我国逐步推广，20 世纪 30 年代我国的养蜂业已初具规模，目前，我国已成为世界第一养蜂大国，蜜蜂饲养量超过 900 万群，年生产蜂蜜约 50 万吨、蜂王浆 4 000 吨、蜂花粉 10 000 吨、蜂胶 450 吨，养蜂业总产值达 40 多亿元，也是世界第一蜂产品出口大国。

蜜蜂在采集花蜜的同时为植物传花授粉，实现植物遗传物质的转移，对保持植物多样性、维持生态平衡具有十分重要的意义；蜜蜂的作用不仅是生产蜂产品，更重要的是为植物授粉，特别是为农作物授粉，能显著增加农产品的产量，改善农产品的品质，增加农业收入，被誉为"农业之翼"。养殖蜜蜂不占耕地、不耗粮食、无污染，且投入少、见效快、效益高，深受广大养殖户喜爱，是贫困地区农民脱贫致富的重要途径。近年来，受蜂产

品价格上涨等因素的影响，养蜂业发展迅速，特别是中华蜜蜂的养殖数量增加迅猛。蜜蜂授粉技术在农业中逐步得到推广，养蜂业与种植业的结合也更加紧密。随着退耕还林、大力发展林下经济的推广实施，林下养蜂业也得到了快速发展。

我国国土辽阔，森林资源丰富。全国林地面积 30 378.19 万公顷，森林面积 19 545.22 万公顷，森林覆盖率 20.36%；天然林面积 11 969.25 万公顷，人工林面积 6 168.84 万公顷，人工林面积居世界首位。我国森林资源总量居世界前列，但人均占有量很低。我国森林面积居世界第五位，但人均占有森林面积相当于世界人均占有量的 21.3%，人均森林蓄积量只有世界人均蓄积量的 1/8。全国绝大部分森林资源集中分布于东北、西南等边远山区，而西北地区森林资源贫乏。

目前，全国林业总产值突破 3 万亿元，全国进出口 1 203 亿美元，是世界林产品生产贸易大国。森林作为发展经济的"生态屏障"，应大力发展生态林业和民生林业，坚持以市场需求为导向、以科技进步为依托、以森林经营为基础，在做好保护森林生态的前提下，充分利用林地资源，通过科学规划，发展林地种植业和养殖业，最终达到农民增收、林地增产、林业增效的目标。近年来，我国各地依托林地丰富的蜜粉资源，大力发展林下养蜂业，取得了较好的经济效益和生态效益。不断创新我国林业体制机制和激励政策，开创林业经济的新局面，为改善生态、加强种养结合，促进农林经济发展发挥更大的作用。

一、林下养蜂的优势与前景

我国林地面积广阔，为了更加有效地开发利用林地资源，不同地区根据各自特点，研发了林畜、林蜂、林草等多种生产经营模式，使林业与养殖业、种植业紧密结合，大大提高了林

地的经济效益，增加了农民收入。发展林下养蜂业主要有以下优势：

一是林地可为蜜蜂提供丰富的蜜粉源。得天独厚的森林植物为蜜蜂提供了充足的蜜粉资源，经果林、开花林木、林间野花等开花植物为发展林下养蜂提供了优越的自然条件。

二是林地为生产优质蜂产品提供了良好的环境。林地多在远离污染的山区，自然生态良好，是生产绿色、有机蜂产品的最佳地点；能生产营养价值高、品质好、无污染的优质蜂产品，可显著增加蜂农的养殖收入。

三是蜜蜂授粉可增加林地种植收入。蜜蜂给林地果树授粉使其果实产量显著增加、品质明显改善，大大提高了农户的种植效益，促进林业经济快速发展。

四是蜜蜂授粉可促进生态平衡。蜜蜂为林木授粉，使林木种子和果实的产量增加，提高林木种子发芽率和林木的成活率，对保持植物的多样性、维持生态平衡、推动林业生态建设都具有十分重要的作用。

五是能提高林地的综合效益，缩短林地回报周期。林地经营最大的缺点是获取效益的周期长，发展林下养蜂，当年可实现养蜂收益，把单一林业引向复合林业、立体林业、生态林业，实现林、蜂双丰收。

因此，林下养蜂已成为很好的林业经济发展模式，激发了农民的生产热情，已在很多地区广泛运用，林下养蜂前景广阔。

二、林下养蜂模式

我国林下养蜂的模式较多，主要有林—蜂、果—蜂、林—草—蜂和果—草—蜂4种模式，各地可根据各自的地理气候条件和林业资源状况，选择最适合本地的林下养蜂模式。

（一）林—蜂模式

根据蜜源植物的泌蜜规律，种植四季蜜源植物林，如洋槐、乌桕、五倍子、柃木等蜜源植物，然后在林中放置蜜蜂，既达到绿化造林的目的，又能获取蜂蜜等蜂产品，林蜂结合可显著提高种植效益。

（二）果—蜂模式

根据当地的气候条件，种植四季蜜粉源果树林，如樱桃、梨树、柑橘、猕猴桃、荔枝、龙眼、苹果、枇杷等；在果树下放置蜜蜂群，果树能为蜜蜂提供蜜粉源，蜜蜂又能为果树授粉增产提质，可达到双赢的目的。

（三）林—草—蜂模式

在"林—蜂"模式的基础上，在林下种草，特别是种植牧草等蜜源植物，如三叶草、苜蓿、紫云英等，为蜜蜂提供了更多的蜜粉源，为生产更多的蜂产品提供了保障，又能为农民养殖牲畜所需牧草授粉，实现多种收入，更好地提高经济效益。

（四）果—草—蜂模式

在"果—蜂"模式的基础上，采用套种模式在林下种植开花牧草。该模式在增加种植收入的同时，牧草还可为蜂群提供蜜粉源、增加蜂产品收入，为养殖动物提供饲料资源、提高养殖收入，还能消耗养殖业产生的粪水，使种养效益更加显著。

第二章
林下养蜂场的建立

　　林下养蜂场的建立包括林下养蜂场址选择、蜂场设施、蜂群选购、蜂群排列放置等。蜂场建设规模应依据蜜粉源条件、养殖技术水平和资金条件而定。

一、林下养蜂场地选择

　　林下养蜂场址是否理想，直接影响养蜂生产的经济效益。在选择林下养蜂场地时，首先要考虑有利于蜂群的发展和蜂产品的优质高产，同时兼顾养蜂人员的生活条件。林下养蜂场址的选择必须通过现场勘察，了解当地的气候条件和疫病流行等情况，经过综合分析，才能做出场址选择的最终决定。

　　理想的林下养蜂场址，应具备蜜粉源丰富、交通方便、小气候适宜、水源良好、场地面积开阔、蜂群密度适当和人蜂安全等基本条件。同时，还要注意生物、气候、水源、地形地物、农事活动、交通状况对蜂群的影响。

（一）生　物

林下养蜂蜂场周围必须有充足的蜜粉源植物，应无蜜蜂天敌危害、无流行蜂病发生和有毒蜜源。

1. **蜜粉源植物**　蜜粉源植物是蜜蜂营养的主要来源，是蜂群赖以长期生存的基础，也是评价蜂场周围环境优劣的主要指标，因此，没有充足的蜜粉源或存在有毒蜜粉源植物的区域均不宜建立养蜂场。

林下蜂场周边 2 千米以内，在蜂群繁殖和生产季节要求有 2 种以上的主要蜜粉源，并且泌蜜、吐粉情况良好。从有利于蜜蜂采集来看，蜂场离蜜源植物越近越好。对要施用杀虫剂和农药的蜜源植物，为减少蜜蜂农药中毒，蜂场要尽量避免在此选址。在蜜蜂越冬期，零星的蜜源植物会诱使蜜蜂外出采集，刺激蜂王产卵，所以蜂群越冬期蜂场要设在无蜜源的地方。

2. **蜜蜂天敌**　林下蜂场应远离对蜜蜂有危害的兽类、鸟类、两栖类、昆虫类等动物，它们以侵袭性行为危及蜜蜂生存。例如，黑熊盗取蜂蜜甚至会直接破坏蜂巢；黄喉貂常破坏蜂巢盗食蜂蜜；蜂虎会袭击婚飞的蜂王；蜘蛛网常捕途经的蜜蜂；青蛙、蟾蜍吞吃蜜蜂；胡蜂咬死或捕食蜜蜂；巢虫不但蛀食巢脾，而且还会导致"白头蛹"病。

3. **病原微生物**　林下蜂场应避免建在有害微生物繁衍的环境中，因为有害微生物会给蜂群带来疾病，如幼虫芽孢杆菌会引起蜜蜂美洲幼虫腐臭病的发生，蜂囊菌孢子会使蜂群发生白垩病。但是，有一些微生物对蜜蜂并无害处，反而是有益的。例如，乳酸菌能帮助蜜蜂把采进的花粉酿成蜂粮，双歧杆菌有利于蜜蜂度过漫长的严冬。

（二）气　候

林下蜂场周围气候要适宜，要考虑温度、湿度、风速、日照等气象因素对蜂群的影响。气候是对蜜蜂影响最大的因素之一，直接影响蜜蜂的巢内生活和飞翔、排泄、采集等活动；间接影响蜜源植物的生长、开花、流蜜和散粉。养蜂场地最好选择地势高燥、背风向阳的地方，如山腰或近山麓南向坡地上，北面有高山屏障，南面是一片开阔地、阳光充足，中间布满稀疏的高大林木。这样的蜂场春天可防寒风侵袭，盛夏可免遭烈日暴晒，并且凉风习习，有利于蜂群的生产活动。

1. **温度**　林下蜂场周围的气温应适合蜜蜂生活的需要。蜜蜂飞翔最适气温为 15℃～25℃；成年蜂生活最适气温为 20℃～25℃；蜂群育子最适巢温为 34.4℃。蜜蜂为维持正常巢温，当外界气温达到 28℃时，蜜蜂在巢门口扇风降温；外界气温达到 30℃时出勤减少；外界气温达到 40℃时蜜蜂停止出勤。蜜蜂是变温动物，其体温接近气温，但因社会性的群居生活，整个蜂群犹如一个恒温动物，对环境的适应能力很强，蜜蜂可在 –40℃的外界气温下安全越冬，在气温高达 46℃～47℃条件下也可以生存。

2. **风**　林下蜂场应避风。风大时蜜蜂出巢采集减少或停止采集；强大的风暴、台风会吹掉蜂箱的大盖，甚至把蜂箱推倒，毁坏蜜源。气温低于 13℃时，工蜂出勤就可能被冻僵；冷空气直吹的蜂群，蜂巢温度散失严重，不利蜂群正常生活和繁殖。

3. **湿度**　林下蜂场环境应具有较大的湿度。较大的湿度可促进蜂王产子、子脾发育和蜜蜂生活，也有利于蜜源植物的生长、开花和流蜜，并且有利于蜜蜂的生活。但是高湿不利于蜂蜜的成熟，也不利于白垩病的防治。

4. **日照**　日照对蜜蜂出巢影响很大，早晨能照到阳光的蜂

群比下午才能照到巢门口的蜂群，工蜂上午的出勤率约高3倍，在流蜜期，日照对提高蜜粉产量作用很大。另外，日照对蜜源植物及时达到开花期的有效积温具有十分重要的作用，长日照地区比短日照地区蜂蜜产量显著提高，但酷暑季节应注意遮阴防暑。

5. 雨水　林下蜂场的选址需考虑雨水对蜂群生活及蜜源的影响。在养蜂生产中，花期阴雨，蜜蜂无法外出采集，严重时会造成蜂群饲料不足，危及生存，甚至还会导致蜂群飞逃。雨水少，虽然对工蜂出勤有利，但出现旱情后不利于蜜源植物的生长和流蜜，也会造成蜂场歉收和蜂群饲料不足等问题。冬雪在北方有保温作用，而在长江以南地区由于雪过天晴，少数工蜂趋光出巢，常被冻死在外，对蜂群造成不利影响。

（三）水　源

林下蜂场应建立在常年有流水或有充足水源的地方，且水体和水质良好，没有良好水源的地方不宜建立蜂场。

水源包括水量和水质两部分，地表水源距蜂场要近，水量要充足。如果工蜂找不到水源，性情会变得非常暴躁，给蜂群管理带来不便。如果蜂场周围没有充足水源，应设置喂水装置。蜂场不可紧靠水库、湖泊、大河，因为蜜蜂回巢时，很容易被风刮到水里；蜂王交尾时也很容易落水溺亡。林下蜂场附近水源的水质应良好，无毒、无污染。

（四）地　势

林下蜂场地势要平坦、干燥，冬暖夏凉，周边无污染源。潮湿低洼地、山顶、谷口不利于蜜蜂繁殖和采集，还会导致蜂群生病，不宜选做养蜂场地。

1. 地形　蜜粉源和蜂场之间不宜有大水面，以免蜜蜂落水溺亡。

2. 位置　在山区的林下蜂场宜座落在山脚下的避风处。蜜源在山坡上对蜜蜂采集最为有利，这便于蜜蜂空腹登高而上、满载顺坡而下，降低了工蜂劳动强度，提高了工蜂的采集效率。我国东南沿海是典型的季风气候，冬天寒潮频繁，蜂场的正北、西北、东北方向最好有山，可阻挡北方寒流长驱直入，改善蜂场小气候，使其冬暖夏凉，有利于蜜蜂繁衍生息和夺取丰收。初春蜂群应背风向阳，如果摆放在没有屏障的场所，寒流直吹蜂箱，会影响蜂巢温度，蜂群发展缓慢。上继箱的时间一般比放在避风向阳处的蜂群要晚 1 周左右。

3. 周边　林下蜂场周边无糖厂、农药厂和其他污染源，因为容易引发盗蜂和蜜蜂中毒。

（五）大　气

林下蜂场周围大气应洁净，无污染。蜂场应远离硫氧化物、氟化物、氧化烟雾、酸雨等大气污染物的区域。在自然界中，蜜蜂对有毒有害成分十分敏感，特别是对毒性较强的氯和氯化氢、氟化物、化学烟雾等反应强烈；废气中有毒物质和气体可直接通过蜜蜂气门进入体内，麻痹神经致使其中毒死亡。

（六）农事活动

林下蜂场不要建在农事活动繁忙的区域。农事活动对蜂群的影响主要有三个方面：一是农作物防虫治病施药给蜜蜂的直接危害，如人工或飞机喷洒治虫、治病、除草农药；二是对蜜蜂采集活动的干扰；三是开荒种地对蜜粉源植物数量的影响。

（七）交　通

林下蜂场周边交通要方便，要有利于蜂群的转场和饲料、蜂产品的运输。蜂场应与公路干线接轨，进入蜂场的公路路面应

晴雨无阻。在有水运条件的地方，要求机动船可达蜂场附近，水陆两便，进出自如，以便蜂群和蜂产品运输。转地饲养蜂场的临时性场地，要求运蜂车能够直达。在考虑蜜粉源条件的同时，还应兼顾蜂场的交通条件。

二、蜂群的选购

建立林下蜂场，从事养蜂生产，首先要考虑饲养蜜蜂的品种，除了在野生中蜂资源丰富的南方山区可以诱捕野生中蜂进行饲养外，绝大多数新建养蜂场还需要购买蜂群。蜜蜂品种及其对环境的适应性是影响蜂场经济效益的关键。

（一）蜂种的选择

不同的蜂种具有各自不同的优良特性，但也存在某些不足。在选择蜂种前必须深入了解各蜂种的特性，并根据当地的气候条件、蜜源植物的面积和数量、饲养管理技术水平和养蜂目的等选择蜂种。选择蜂种应从适应当地的自然条件和饲养管理条件、增殖能力强、经济性能好、容易饲养等几方面考虑。

目前，我国饲养的主要蜂种有中华蜜蜂、意大利蜂、卡尼鄂拉蜂、高加索蜂、东北黑蜂和金卡蜂等。如果当地只有一个主要蜜源，有辅助蜜源，冬季短，温暖潮湿，则主要采用定地饲养，最好选择优良中蜂进行饲养；如以转地饲养为主，产蜜、产浆并举，可选择意卡单交种或卡意单交种；如主要蜜源花期较早，冬季长而寒冷，春季短，则以定地饲养和产蜜为主要目的，可选择卡蜂或卡意单交种；如果以产浆为主要目的，可选择浆蜂（意大利蜂）；对于北方寒冷地区可选择东北黑蜂；如当地位于山区，有零星蜜源，但夏、秋季有众多的胡蜂等敌害，以产蜜及农作物授粉为目的，也可选择中蜂。购买蜂群应先掌握不同蜂种

的性能特征，调查蜂群疾病的流行情况，不要从疫病流行区域引种；另外，也可先进行试养，再选购较理想的蜂种。

（二）选购蜂群的最佳时期

购买蜂群的最佳时期在蜂群增长阶段的初期，即在早春蜜粉源植物的初花期、越冬蜂群已充分排泄后进行。此时，气温逐渐回升，并趋于稳定，百花盛开、蜜粉丰富，有利于蜂群的繁殖增长，当年即可投入生产。

其他季节也可以引进蜂种，但是蜂群买回后最好还有一个主要蜜源花期，这样即使不能取得商品蜜，也可以保证蜂群有充足的饲料储备，有利于培育新的适龄越夏或越冬蜂。在南方越夏和北方越冬之前，蜜粉源花期都已结束，不宜购蜂。蜜蜂越夏或越冬需要做细致的准备工作，管理也有一定的难度，管理方法不得当，还可能造成蜂群死亡，此时购买蜂群除了增加饲养管理费用外，还存在蜂群死亡的风险。

购买蜂群较适宜的时期，南方宜在 12 月份至翌年 2 月份，下半年宜在 9～10 月份，北方宜在 2～4 月份，在此季节购蜂有利于蜂群的快速增长。

（三）挑选蜂群

蜂群最好是从年年高产、稳产的蜂场购买。养蜂技术水平高的蜂场对蜜蜂的蜂种特性重视，在生产中注意选育良种。初学者，不宜大量购进蜂群，一般以不超过 10 群为好，以后随着养蜂技术的提高，再逐步扩大规模。

1. 优良蜂群的特征　挑选应主要从蜂王、子脾、工蜂和巢脾等 4 个方面考察；蜂王应选年轻、胸宽、腹长、健壮、产卵力强的；子脾面积要大，封盖子整齐成片、无花子现象，没有幼虫病，小幼虫底部浆多，幼虫发育饱满、有光泽；工蜂应健康无

病，蜂螨寄生率低，幼年蜂和青年蜂多，出勤积极，性情温驯，开箱时安静；巢脾要平整、完好，颜色以浅棕色为最好，雄蜂房要少。

2. **挑选蜂群的方法**　挑选蜂群应在天气晴暖、蜜蜂能够正常巢外活动，有利于箱外观察和开箱检查时进行。首先在巢门前观察蜜蜂活动表现和巢前死蜂情况并进行初步判断，然后再开箱检查。

（1）**箱外观察**　在蜜蜂出勤采集高峰时段，进行箱前巡视观察。进出巢的蜜蜂较多的蜂群，群势强盛；携粉归巢的外勤蜂比例大，则巢内卵虫多，蜂王产卵力强。健康正常蜂群巢前死蜂较少，基本没有蜜蜂在蜂箱前地面爬动。如果地面有较多瘦小甚至翅残的工蜂爬动，可能有螨虫危害；巢门前有体色暗淡、腹部膨大、行动迟缓的工蜂，或有较大量、较稀薄粪便，是蜜蜂患下痢病的症状和表现；巢门前有白色和黑色的幼虫僵尸，则可能患有蜜蜂白垩病。

（2）**开箱检查**　开箱时工蜂安静、不惊慌乱爬，不激怒蜇人，说明蜂群性情温驯；工蜂腹部较小，体色正常、不油亮，体表绒毛多而新鲜，则表明蜂群健康，年轻工蜂比例较大；蜂王体大、胸宽、腹长丰满，爬行稳健，全身密布绒毛且色泽鲜艳，产卵时腹部屈伸灵敏，动作迅速，提脾时安稳且产卵不停，则说明蜂王质量好；卵虫整齐，幼虫饱满有光泽，小幼虫巢房底浆多，无花子、无烂虫现象说明幼虫发育健康。

（3）**群势要求**　购蜂的季节不同，蜂群群势要求也不同，购蜂群势可参照当地正常蜂群的群势；一般来说，早春蜂群的群势不宜少于2足框，夏、秋季应在5足框以上；在群势增长的季节还应有一定数量的子脾。例如，5个脾的蜂群，子脾应有3～4张，其中封盖子脾至少应占50%；蜂王不能太老，最好是当年培育的新王，至少是前1年春季培育的蜂王。

三、林下蜂群排列和放置

（一）蜂群排列

蜂群的排列方式多种多样，应根据蜂群数量、场地面积、蜂种和季节灵活掌握；以管理方便、蜜蜂容易识别蜂巢位置、流蜜期便于形成强群及在外界蜜源较少或无蜜源时不易引起盗蜂为原则。

1. **中蜂排列**　中蜂认巢能力差，容易错投，并且盗蜂性强，所以中蜂排列不能太密，以免引起蜜蜂错投、斗杀和盗蜂。中蜂蜂箱的排列应根据地形、地貌分散排列，各蜂群的巢门方向应尽可能的错开。山区林下养蜂可利用斜坡、草丛或树林分散布置蜂群，使各个蜂箱巢门的方向、位置高低各不相同，蜂箱位置目标明显，易于蜂群识别。

2. **西蜂排列**　我国饲养的西蜂的排列方式有单箱并列、双箱并列、一字形排列、环形排列等，国外蜂群还有三箱、四箱和多箱排列方式。这些蜂群的排列方式各有特点、可根据场地的大小和蜜蜂饲养管理的需要进行选择。

（二）林下蜂群的放置

1. **垫高**　除了转地途中临时放蜂之外，无论采用哪种排列方式，蜂群都应用砖头、石块或木桩将蜂箱垫高30～40厘米，防止地面上的敌害进入蜂箱和潮气腐蚀箱底。

2. **倒扣玻璃瓶**　在木桩或竹桩顶端倒扣玻璃瓶可防止蚂蚁和白蚁进入箱内。南方林区蜂场蜂箱用竹桩支撑也能有效预防白蚁危害。固定蜂场也可设立固定的放蜂平台。

3. **蜂箱角度**　蜂箱摆放应左右平衡，避免巢脾倾斜，且蜂箱前部应略低于蜂箱后部，避免雨水进入蜂箱，但是蜂箱倾斜不

宜太大，以免刮风或其他因素引起蜂箱翻倒。

4. **蜂箱朝向**　蜂箱朝向一般向南或东南方向。蜂箱夏日应安放在阴凉通风处，冬日应安放在避风向阳的地方。在我国北方秋末和中部越冬前期，为使蜜蜂减少出勤并降低巢温，可将巢门朝北。

此外，放置蜂群的地方，不能有高压电线、高音喇叭、彩旗、路灯、诱虫灯等吸引刺激蜜蜂的物体。蜂箱前面应开阔无阻，便于蜜蜂进出，不能将蜂群巢门面对墙壁、水塘、篱笆或灌木丛。

四、养蜂机具

（一）蜂　箱

蜂箱是蜜蜂繁衍生息和生产蜂产品的基本用具。蜂箱分为活框蜂箱和老式蜂箱，老式蜂箱种类很多，形状各异，多以竹制或圆木挖空制成；活框蜂箱是指蜂路结构、巢框可以移动的蜂箱，它是蜂具的三大发明之一，与其后发明的巢础机和分蜜机配合应用，结束了数千年的原始养蜂方式，奠定了新法养蜂的基础，使养蜂生产出现了巨大的飞跃。

1. **蜂箱的基本要求**　蜂箱是蜜蜂生活的地方，蜜蜂常年在蜂箱里生息繁殖、哺育后代、储备食料（图2-1）。

图 2-1　蜂箱

蜜蜂需在蜂箱里经历严冬、酷暑，因此要求蜂箱能保温除湿，既有良好的隔热性，又有很好的通风性。由于蜂箱长期放置于露天、日晒雨淋，转地时蜂箱还要搬动、装订、碰撞，所以要求蜂箱经久耐用。制作蜂箱的木材要坚固耐用、质轻、不易变形。在我国，北方以红松、白松、椴木、桐木为宜；南方以杉木为宜。避免选用气味浓烈、易变形开裂的硬杂木制作蜂箱。

蜂箱四壁最好选用整板，若用拼接板必须制成契口（契口缝或裁口缝）拼接，四壁箱角处采用鸿尾榫或直角榫连接。蜂箱表面可涂刷漆或桐油。

蜂箱的表面要光滑，没有毛刺，避免饲养操作及运输过程中伤及手脚和衣物。

制造蜂箱时，蜂箱的各个零部件结构和规格应符合标准，便于日常管理时交换使用，其他养蜂机具（如分蜜机、巢础、产卵控制器等）与之配合时，也能运用自如。

如果是副业养蜂，在房前屋后常年定地饲养，蜂箱也可简陋一些，可用其他材料制作蜂箱。

目前，我国与国外许多国家都在研究用塑料替代木材制作蜂箱，塑料蜂箱正在推广运用中，但在目前我国养蜂生产中，一般都采用 10 框标准蜂箱。

2. 10 框标准蜂箱　蜂箱的形式繁多，但基本结构大致一样。10 框蜂箱又称郎氏蜂箱、标准蜂箱，这是目前国内外使用最为普遍的蜂箱（图 2-2）。

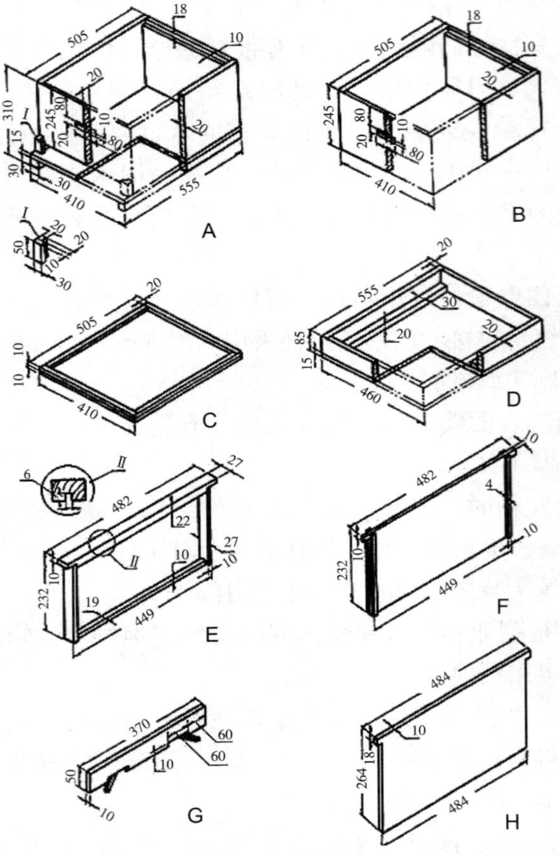

图 2-2　10 框蜂箱及各部分构造（单位：毫米）
A.底箱　B.继箱　C.副盖　D.箱盖　E.巢框　F.隔板
G.巢门板　H.闸板

（1）**箱盖**　又称大盖或外盖，犹如蜂箱的房顶。箱盖可保护蜂巢免遭烈日的暴晒和风雨的侵袭，并有助于箱内维持一定的温度和湿度。用 20 毫米厚的木板制作。一般外覆白铁皮、铝皮或油毡，以防雨水和保护箱盖。

（2）**副盖**　又称内盖或子盖，是覆在箱身（继箱或巢箱）上口的内部盖板，犹如房顶内部的天花板，可使箱体与箱盖之间更加严密，有助于蜂巢保温保湿和防止盗蜂侵入。副盖用厚10毫米的木板制成，四周有宽20毫米、厚10毫米的边框。目前，纱盖型的副盖被蜂农普遍使用。

（3）**巢箱与继箱**　巢箱与继箱统称为箱身（或箱体），其结构、规格一样，放在箱底上的称为巢箱，放在巢箱上的称为继箱。巢箱主要用于繁殖；继箱主要用于贮蜜，生产王浆、巢蜜等。我国目前浅继箱主要应用于生产巢蜜，生产分离蜜、王浆的蜂场很少使用。

（4）**巢门档**　巢箱与箱底配合后，可以用巢门档调节蜜蜂出入口的大小。木条上开有两个大小不同的凹槽，槽内有活动小板条。在繁殖和采蜜季节蜜蜂出入量大，可以通过巢门档来调节。其他季节靠两小板条来调节。

（5）**巢框**　巢框是木制的框架，上边称上梁，下边称下梁，两边称侧条。巢框用于支撑、固定和保护巢脾。框架必须坚固，因巢脾贮满蜂蜜时质量为2.5～3千克，运输时巢脾还要经受摆动与跳动。

巢框是蜂箱构件中的核心部件，制作巢框时规格必须严格按图纸要求，否则巢框在各蜂箱之间不能互换，将会给蜂群的饲养管理、蜂机具的应用等带来极大的不便。

上梁的两端是框耳，将框耳搁在蜂箱的铁引条上，可使巢框悬挂在蜂箱中，框的上下、前后、左右都有合适的蜂路。在上述的巢箱、继箱内，都可放置10个巢框，10框蜂箱也由此而得名。

（6）**隔板与闸板**　隔板的规格与巢框外形规格相同，板厚10毫米。使用时放在蜂箱中最外侧巢脾的旁边，以调节蜂巢的大小，有利于保温和避免蜜蜂筑造赘脾。

闸板的外形同隔板，板厚也是 10 毫米，它的长、高比隔板大些。隔板放在蜂箱中，不切断蜂路，与巢框一样大，但闸板放入蜂箱后，将切断前后、上下的蜂路，将巢箱隔成几个互不相通的区域，以便改成双王群、四联交尾箱等。

（7）隔王板　隔王板分为平面隔王板和框式隔王板两种（图 2-3，图 2-4）。平面隔王板用于叠加型蜂箱，放在巢箱与继箱之间，四周木制的边框内装有隔王栅，栅孔隙为 4.4 毫米（对西方蜜蜂），蜂王不能通过，工蜂可自由通行。隔王栅有竹丝制、铅丝制和金属片冲孔制 3 种。框式隔王板是在巢箱或横卧式蜂箱内使用，尤其是横卧式蜂箱使用最普遍。

隔王板的作用是限制蜂王产卵的区域，有时蜂群必须严格划分为育虫区和产蜜区。蜂王被限制在育虫区，取蜜时从产蜜区提蜜脾不必寻找蜂王、也不必顾虑有蜂子混杂，可提高取蜜的工作效率。同时，也有利于在继箱中放入产浆框生产王浆。

图 2-3　平面隔王板　　　　图 2-4　框式隔王板

（二）管理及产品采收用具

1. 面网　又称面罩（图 2-5）。在接触蜂群或管理蜂群时，套在头、面部，可防护人体的头、面、颈等部位免遭蜜蜂的蜇刺。

2. 养蜂工作服 养蜂工作服通常采用较结实的白布缝制，有养蜂套服和养蜂工作衫两种。养蜂套服通常制成衣裤连成一体的形式，前面安纵向长拉链，以便着装。养蜂工作衫的下口和袖口都采用松紧带，以防蜜蜂进入，且常常把蜂帽与工作衫设计连在一起，蜂帽不用时可垂挂于身后（图2-6）。

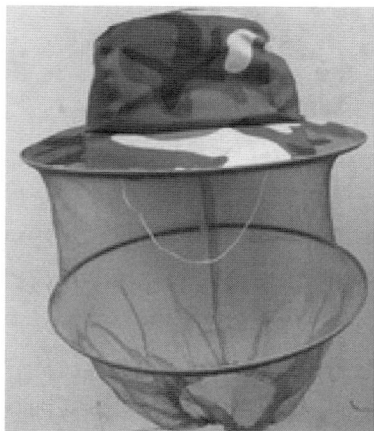

图 2-5 面网

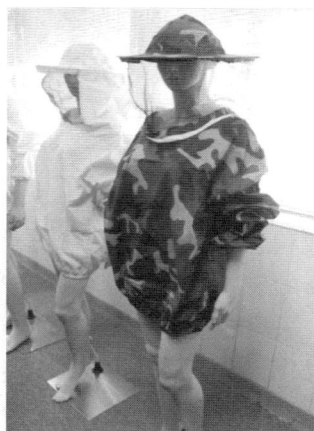

图 2-6 养蜂工作衫

3. 起刮刀 起刮刀采用优质钢炼成，一般长约180毫米，一头宽32毫米，另一头宽38毫米；中间宽18毫米，中间厚3毫米。由于蜜蜂喜欢用蜂胶或蜂蜡粘连巢箱和巢框的隙缝，在检查蜂群、管理蜂群、提脾取蜜等操作时，必须使用起刮刀撬开被粘固的副盖、继箱、隔王板和巢脾等；此外，起刮刀还可用来刮除蜂胶和蜂蜡、清除污物以及钉小钉子、撬铁钉、塞起木框卡等，用途非常广泛，是管理蜂群不可缺少的工具（图2-7）。

4. 蜂刷 又称蜂帚，用来刷除附着在巢脾、育王框、产浆框、箱体及其他蜂具上的蜜蜂。刷柄用不变形的硬木制作，刷毛通常呈双排，嵌毛部分长210毫米，厚度为5～10毫米，刷毛长65毫米（图2-8）。刷毛常用柔韧适中、不易吸水的白色马鬃或马尾制成，不能用黑色或较硬的刷毛代替。使用时应将刷毛用水洗涤干净。

图2-7　起刮刀

图2-8　蜂刷

5. 喷烟器　又称熏烟器。蜜蜂害怕烟雾，遇到烟雾会进入警戒状态而安静下来。人们为利用蜜蜂这一特性研制而成能喷发烟雾的装置即喷烟器。喷烟器是驯服蜜蜂最好的工具。在检查蜂群、采收蜂蜜、合并蜂群时向蜂群喷些烟雾让蜜蜂安静下来，便于操作。喷烟器分为发烟筒与风箱两部分，使用时将燃料放置炉栅上，在燃烧室燃烧，风箱向燃烧室底部输送空气，烟雾即从喷烟嘴喷出（图2-9）。

6. 埋线器　齿轮埋线器是安装巢础时将铁丝压入巢础内最常用的工具。它由齿轮、叉状柄与手柄三部分组成（图2-10）。使用前将齿轮加热，埋线时将齿轮顶部中央的小凹沟对准框线向前滚动齿轮，但用力须适当，以防穿线压

图2-9　喷烟器

图2-10　齿轮埋线器

断巢础或浮离在巢础表面。

还有一种电热埋线器,用一只功率为100瓦的变压器,将220伏交流电降至12伏或24伏,输出端的两极有导线与单柱插头引出。使用时将通电后的两个单柱插头分别点在巢框穿线的两端,经2～5秒钟,穿线通电发热熔蜡,将穿线同时埋入巢础内。

7. 饲喂器 是一种用于装贮液体饲料(糖浆或蜂蜜)及水饲喂蜂群的工具。饲喂器主要有巢门饲喂器、框梁饲喂器、框式饲喂器、巢底饲喂器和巢顶饲喂器等,前3种是目前最常用的饲喂器。

(1)巢门饲喂器 由一个广口瓶和一个底座组成,广口瓶可以是玻璃瓶或塑料瓶,可容纳0.5～1千克的液体饲料(图2-11)。螺旋的瓶盖上钻有小孔,以便蜜蜂吮吸饲料。底座用镀锌铁板制作,其上有倒着插入广口瓶的圆台,圆台一边有阶梯状的舌作为通道,可插入不同高度的巢门内。巢门饲喂器价廉物美、操作简便,一般在晚间插入巢门内进行奖励饲喂,饲喂时间持久。

(2)塑料饲喂器 塑料饲喂器的长度与巢框相同(图2-12)。有适合奖励饲喂的小型饲喂器,也有可装3千克糖浆用于补助饲喂的大饲喂器。

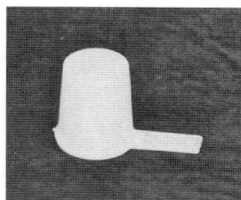

图2-11 巢门饲喂器

图2-12 塑料饲喂器

8. 割蜜刀 割蜜刀是取蜜时用于切除封盖蜜蜡盖的手持刀具。分离蜂蜜时通常需将蜜脾的蜡盖切除,才能分离出脾上的蜂蜜。割蜜刀有普通割蜜刀、蒸汽割蜜刀和电热割蜜刀3种。

（1）**普通割蜜刀**　普通割蜜刀的刀身由不锈钢制成，平底，具有双刃，刀身背部隆起，普通刀锋长220毫米、刀宽28毫米（图2-13）。刀刃要尖锐而薄，刀尖也可制成椭圆状、具有刃口。刀柄处弯曲向上呈匙状，目的是更容易切割蜜脾面上某些凹下的蜜盖。这种割蜜刀使用时由于刀刃是冷的，所以易被蜜、蜡黏着。割蜜时，也可同时使用两把割蜜刀，将其放于长方形贮有热水的金属槽（或桶、盆）中，水温80℃左右，两把刀子轮流使用。使用烫的割蜜刀切割蜜盖较容易，割蜜刀不会被蜜和蜡黏附，效率高。

（2）**蒸汽割蜜刀**　蒸汽割蜜刀刀身重，可通入蒸汽加热刀身，使用时由蒸汽发生器提供蒸汽。

（3）**电热割蜜刀**　电热割蜜刀刀身重，其内部装有电热元件和控温元件，使用时自动将刀身温度保持在70℃～80℃（图2-14）。

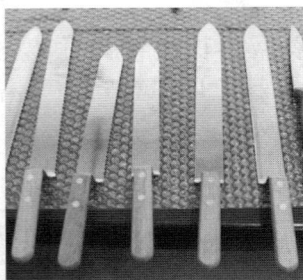

图2-13　普通割蜜刀　　　　图2-14　电热割蜜刀

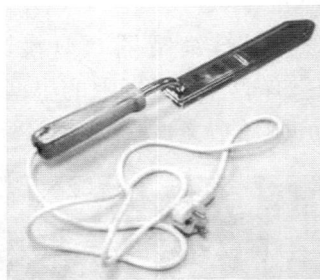

9. 分蜜机　又称摇蜜机。将割去蜡盖的蜜脾放在分蜜机的蜜脾篮中，转动摇柄，蜂蜜受离心力的作用被甩出。采用分蜜机分离蜂蜜，不但能使巢脾得到重复利用，提高巢脾的周转率，而且生产的分离蜜洁净、质量好。1865年赫鲁什卡发明了第一台分蜜机，经过不断改进，逐步发展成为现在普遍使用的各种分蜜机。

（1）分蜜机的基本结构　分蜜机由机桶、蜜脾转架、转动装置和桶盖等部件组成。

① 机桶　机桶通常采用不锈钢制成，也有的采用无毒塑料制成，用于承接分离出来的蜂蜜。

② 蜜脾转架　蜜脾转架采用不锈钢制成，框架结构呈圆柱形或棱柱形。分离蜂蜜时，将蜜脾放入其中，并带动蜜脾一起做离心运动，使蜜脾上的蜂蜜分离出来。

③ 转动装置　转动装置通常由手摇柄（或电动机）、变动齿轮和滚珠轴承构成，用于驱动蜜脾转架。

④ 桶盖　桶盖采用不锈钢或透明塑料制成，平时用于防止灰尘及其他杂物落入分蜜机中；分离蜂蜜时，用于防止盗蜂进入蜜桶和操作人员误将手伸入机内发生事故。

（2）分蜜机的种类　分蜜机的类型很多，按动力分：有手摇分蜜机和电动分蜜机；按容量分：有2框分蜜机、3框分蜜机、4框分蜜机、8框分蜜机、12框分蜜机、120框分蜜机等；按制作材料分：有不锈钢分蜜机和塑料分蜜机；按蜜脾在蜜脾篮架中排列的方式分：有弦式、半辐射式、辐射式、风车式等排列方式的分蜜机。下面仅介绍我国目前常用的分蜜机。

① 两框换面式分蜜机　桶身是由镀锌铁板制成的圆桶，直径350毫米，高585毫米，桶底为高60毫米的圆锥形，桶边有出蜜口。桶身上部还装有两个提手（图2-15）。

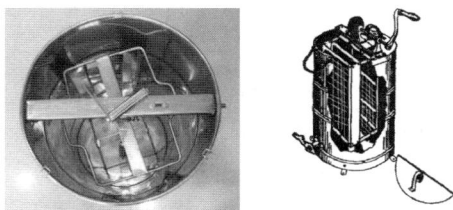

图2-15　两框换面式分蜜机

蜜脾篮架装于桶身中间，上梁固定在垂直传动轴上。篮中可同时插入两张蜜脾呈弦式分布。蜜脾篮对着桶身的一面是大孔的铅丝网，蜂蜜在离心力作用下离开蜜脾，通过铅丝网甩向桶身内壁。

转动手摇把，动力经传动轴使齿轮转动，然后带动垂直传动轴和蜜脾篮转动。蜜脾篮的转动使篮内蜜脾的蜂蜜受离心力作用而甩出，沿桶壁下流。

两框换面式分蜜机结构简单，造价低廉，维护、保养方便，体积小，重量轻，便于携带，十分适合小型的转地养蜂场，因而在我国使用非常普遍。但两框换面式分蜜机因蜜脾弦式排列，分离完蜜脾的一面蜂蜜后，必须将蜜脾提出，换一面再进行分离，工作效率低。

另外，用镀锌板制造的分蜜机，易于生锈，是蜂蜜中游离重金属含量超标的主要原因之一。吴本熙等人于 1990 年研制成无污染分蜜机 I 型与 II 型，已在全国推广使用，并批量出口。无污染分蜜机的外桶、蜜脾篮、脾架、挡板、上下篮框均用高强度无毒工程塑料制造，使分蜜机中接触蜂蜜的部位均为无毒塑料，避免了蜂蜜的重金属污染。无污染分蜜机的传动机构置于外桶内，手摇把活套在传动轴上，不分蜜时可插入桶内，盖上塑料桶盖，外形美观大方。蜜脾篮主轴安装有小轴承，尼龙齿轮传动，转动灵活省力、无噪声。此外，其主要零部件、易损件等均采用装配式，易于更换，弥补了原来的分蜜机因某一零件损坏而废弃整机的缺陷。

② 两框活转式分蜜机　两框活转式分蜜机也属于弦式分蜜机的一种，是为解决换面式分蜜机必须换面的缺点而设计的。它除蜜脾篮架之外，其他结构与换面式相同。它的蜜脾篮架靠转动轴活套在篮架上，当分离完蜜脾一面的蜂蜜后，只需将蜜脾篮转动 90°，无须提出蜜脾换面，就可分离另一面的蜂蜜，工作效

率有所提高。但桶身直径（50厘米左右）扩大许多，重量也大，携带不方便（图2-16）。

③ 辐射式分蜜机 辐射式分蜜机是蜜脾在分蜜机中，脾面位于中轴所在的平面上，下梁朝上并平行于中轴，呈车轮辐条状排列的一类分蜜机（图2-17）。这类分蜜机蜜脾呈车轮辐条状排列，蜜脾两面的蜂蜜能同时分离出来，无须换面。

辐射式分蜜机有8～120框式等多种形式，大都采用电动机驱动，有的还配置有转速控制装置和时间控制装置。而蜜脾转架结构简单，通常设计成具有固定蜜脾的凸出结构或槽口的框架结构，也有的框架采用不锈钢弯折而成。

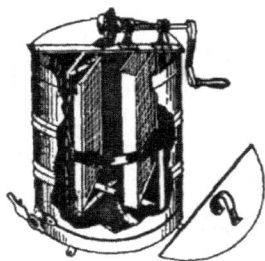

图2-16 两框活转式分蜜机　　图2-17 辐射式分蜜机

10. 花粉截留器 为了收集蜂花粉，迫使回巢的采集蜂通过脱粉装置（脱粉板等）后才能进入蜂巢，蜜蜂后腿上花粉篮中的大部分花粉团被刮下来掉入集粉盒中，这种工具称为花粉截留器，又称脱粉器、花粉采集器。花粉截留器由外壳、脱粉板、落粉板、集粉盒等组成。脱粉板上的脱粉孔有方形、圆形、梅花形等多种形状。按照使用时放置的部位，截留器有箱底型与巢门型两大类型。我国目前使用较多的是巢门型。

吴本燕、马重等人1986年成功研制出了全塑料的巢门型花粉截留器。其所有零部件均用无毒塑料制成，采用组装式结

构，使用时落粉板放在集粉盒上，脱粉板插在落粉板上，外壳套于集粉盒两侧壁上部的沟槽内。装好的截留器将外壳后下边放在巢门踏板上，外壳后边遮住巢门。工蜂由外壳前面进入截留器，穿过脱粉板才能进入巢门。脱粉板上的脱粉孔为圆形，意蜂脱粉板孔径为 5.0～5.1 毫米。由于其零部件由工厂注塑成形，规格有一定规格，零部件可组装、互换，脱粉效率高，花粉干净，在全国推广使用深受欢迎。

图 2-18 巢门花粉截留器
左图为截留器全图，右图为放在巢门前使用情况

11. 蜂王产卵控制器 蜂王产卵控制器是用于强制蜂王在巢脾上特定区域产卵的器具（图 2-19）。器体的外围长刚好插入 10

图 2-19 蜂王产卵控制器

框蜂箱内，并像巢框悬挂在蜂箱内。器体的内围以刚好插入 1 张巢脾为度。盒形的器体其两正面为隔王栅，栅格间距 4.4 毫米。蜂王被关在产卵控制器内不能跑出，而工蜂则可通过隔王栅自由出入。蜂王产卵控制器的用途十分广泛。

（三）巢　　础

养蜂者使用活动巢框养蜂后，1857 年梅林按照蜜蜂天然巢脾的特性，发明了蜂蜡巢础，改变了以前完全靠蜜蜂自行筑造巢脾的方式。巢础是一张人们用蜂蜡制成的蜡片，其两面具有凹凸的正六角形巢房基础和巢房壁的开始部分，将它安装到巢框里，工蜂即以此为基础，分泌蜂蜡将每个正六角形的房壁加高，筑成典型的六角形棱柱（巢房）。巢脾就是由几千个排列整齐、相互衔接的巢房构成的。养蜂生产中，蜜蜂利用巢础建造的巢脾巢房整齐、大小一致，且筑巢迅速、节省蜂蜡，还有减少建造雄蜂房概率等优点。

为使巢础的优点得到充分发挥，对巢础的质量要有严格的要求：制造巢础的蜂蜡必须纯净；巢础房眼的正六角形与尺寸必须准确，房底、房壁的规格大小、几何角度必须整齐；巢础的制作工艺，特别是各道工序中的温度控制必须规范，制出的巢础才能色泽鲜艳，房底透明，巢础韧性大，不易延伸变形。注意贮藏过久的巢础应避免使用。

1. 巢础种类

下面介绍常见的巢础种类及其适用范围。

（1）按规格用途划分

① 薄型巢础与切块巢蜜巢础　又称特浅房巢础。用于生产格子巢蜜、切块巢蜜，配合浅巢框用。

② 普通巢础　又称浅房巢础。房底稍厚，房基稍高。供 10 框蜂箱使用的规格为高 200 毫米、长 425 毫米，每千克 18～20

片（图 2-20）。用于筑造育虫脾或深继箱脾（贮蜂蜜）均可，但蜜蜂筑脾较费时，有时还会改造成雄蜂房。

图 2-20　巢础

③ 深房巢础　房底厚，房基高。供 10 框蜂箱使用的规格为高 200 毫米、长 425 毫米，每千克为 14～16 片。用于筑造育虫脾或深继箱脾均可。这种巢础由于房基高，工蜂稍加筑造就成巢脾，改造成雄蜂房的机会少。

我国目前蜂具厂生产出售以普通巢础与深房巢础最多。普通巢础一般房底厚 0.6～0.7 毫米，房壁厚 0.5 毫米左右，房基高 1 毫米左右。

（2）按适用的蜂种划分　我国目前生产有意蜂巢础与中蜂巢础两种。两种巢础的几何形状是一样的，仅是房眼的大小不一样。意蜂个体大，巢础房眼大些；中蜂个体小，房眼小些。意蜂巢础每平方分米两面约有房眼 857 个，每个房眼的宽度为 5.31 毫米。中蜂巢础每平方分米两面约有房眼 1 243 个，每个房眼的宽度为 4.61 毫米。

国外还生产一些特种巢础，如嵌线巢础、耐用巢础、金属边耐用巢础、三层巢础等。

2. 人工巢础的制作

（1）用具　熔蜡锅 2 口，熔蜡缸 1 只。双层蘸蜡锅 1 只，蘸蜡板或蜡片盘 15 块，脱片池或脱片缸 1 个。蜡片夹 2～4 个，

切础轮刀 1 把。压光机 1 台，巢础机 1 台。

（2）**制巢础工艺**

① 制备蜡液　将蜂蜡捣碎成鸡蛋大小放入熔蜡锅中，再按锅的大小加 1/3 的水，加热熔化蜂蜡。蜡液温度不得越过 100℃。将熔化好的蜡液舀入熔蜡缸内，滴入少量稀硫酸，静置 5～6 小时，使蜡中杂质沉于底部，将上面干净的蜡液舀到双层蘸蜡锅中。外锅水温保持在 80℃左右，内锅的蜡液温度保持在 68℃～75℃。

② 制蜡片　有木板蘸片法和木盘浇片法两种。

木板蘸片法：蘸蜡板垂直插入蜡液中，取出，板的两面各附着一层薄蜡；待蜡稍凝，再插入，重复 3～4 次。最后一次蘸蜡后，放在 25℃～30℃水温的脱片池中，蜡片自动离板，平叠于桌上，待轧光片。

木盘浇片法：将蜡液浇入放平的蜡片盘内，深度约 16 毫米。凝固后将木盘放入温水中，取出平叠。

③ 轧制光片　蜡片可趁热轧制或浸泡在温水中预热。待蜡片内外全部柔软后，送入压光机，接出的光片在清水盆中卷成筒状。

④ 轧制巢础　将预热好的光片喂入两辊筒之间，在另一边用蜡片夹夹住徐徐拉出巢础片。

⑤ 裁切和包装　将巢础片放在玻璃板上按样板大小裁切，切好的巢础在两片之间放一张纸，每 30 片包成一盒。

（3）**平面巢础压印器**　平面巢础压印器就是上下两块具有凹凸的正六角形房底房基的平面阴阳模板，固定在木质或金属框架上，用来压印巢础。模板有用木质平板雕刻而成的，也有以金属为原料用一般铸造法或电铸法浇注而成的，还有以石膏、环氧树脂或水泥为原料翻模而成的。其中，以水泥为原料，用翻模方法来制造的水泥平面巢础压印器实用性最强。

（4）**压光机**　上述蘸片法或浇片法产生的蜡片是厚薄不一

的，可用压光机（图2-21）将它压制成厚度均一的光蜡片。经过压制的光蜡片再经巢础机制出的巢础厚薄均匀，韧性强，抗拉强度高。在压光机底座架上装有两根平行的辊筒，辊筒由铝合金或高锡合金制成，表面非常光滑。蜡片通过两辊筒的间隙而压制成光蜡片。两辊筒的间隙可以调节。

（5）**巢础机**　巢础机（图2-22）能将压光机压成的光蜡片轧印成巢础。巢础机外形与构造和压光机基本相似，所不同的是上下辊筒的表面雕刻有凹凸的正六角形纯工蜂房的房眼。巢础机左端装有调节器，利用调节器使上下辊筒的凹凸面正好相吻合，从而压制出整齐标准的巢础。

图2-21　压光机外形　　　　　图2-22　巢础机外形

第三章

蜜源植物

　　能分泌花蜜供蜜蜂采集的植物称蜜源植物，能分泌花粉供蜜蜂采集的植物称粉源植物，在养蜂实践中将它们通称为蜜源植物。根据泌蜜量、利用程度和毒性，可将蜜源植物分为主要蜜源植物、辅助蜜源植物和有毒蜜源植物。

　　蜜源植物是养蜂生产的基础，是蜜蜂生活的饲料来源，没有蜜源植物蜜蜂就失去了生存的基础。我国蜜源植物丰富，有几十种主要蜜源植物可生产商品蜜；辅助蜜源一般情况不能生产商品蜜，但对蜂群的繁殖是十分重要的，同时也可进行蜂王浆和蜂花粉的生产。

　　茫茫林海，蜜粉源植物种类多、数量大，主要有：刺槐、柑橘、荔枝、柿子、枣树、乌桕、漆树、荆条、白蜡、椴树、茶花、枇杷、柃木、野菊花等230余种，其中药用植物120余种。经济林木满山遍野，一年四季开花不断，形成蜜粉源的连续性，保证了蜜蜂的周年生活和生产的需要。

一、主要蜜源植物

主要蜜源植物是指蜜蜂喜欢采集的数量多、分布广、花期长、泌蜜丰富、能够生产商品蜜的植物。主要蜜源植物如下。

1. 刺槐 刺槐别名洋槐，豆科。栽种面积大，分布区域广，全国种植面积约 114 万公顷，主要分布于山东、河北、河南、辽宁、陕西、甘肃、江苏、安徽、山西等地。刺槐为落叶乔木，高 12～25 米。总状花序，花多为白色，有香气。

刺槐喜湿润、肥沃土壤，适应性强，耐旱。花期 4～6 月份。因生长地的纬度、海拔高度、局部小气候、土壤、品种等不同而异。花期为 10～15 天，主要泌蜜期 7～10 天。刺槐泌蜜量大，蜜多粉少，气温 20℃～25℃、无风晴暖天气，泌蜜量最好，每群意蜂 1 个花期的产蜜量可达 30～70 千克。影响刺槐泌蜜的因素很多，主要有天气、地形、地势、土质、树龄、树形等，尤其是风对泌蜜影响很大，刺槐花期忌刮大风。

2. 柑橘 柑橘别名宽皮橘、松皮橘，芸香科。分布区域广，现有 20 个省（区）有栽培，面积约 6.3 万公顷。以广东、湖南、四川、浙江、福建、湖北、江西、广西、台湾等省（区）面积较大，其次是云南、重庆、贵州。其他省（市）栽培面积小。柑橘为常绿小乔木或灌木，花小，单生或成总状花序，少数丛生于叶腋，花为白色。

柑橘喜温暖、湿润的气候，花期 2～5 月份，因品种、地区及气候而异，花期 20～35 天，盛花期 10～15 天。气温 17℃以上开花，20℃以上开花速度快。泌蜜适宜温度 22℃～25℃，空气相对湿度 70% 以上。5～10 龄树开花泌蜜量最大。开花前降水充足，花期期间气候温暖，则泌蜜好。干旱期长、花期期间雨量过多或低温、寒潮、北风，则泌蜜少或不泌蜜。正常情况下，每群意蜂产蜜 10～30 千克，有时可高达 50 千克。柑橘蜜、粉丰富。

3. 枣树 枣树别名红枣、大枣、白蒲枣，属鼠李科。在我国数量多，分布广。主要分布于河北、山东、山西、河南、陕西、甘肃等省的黄河中下游冲积平原地区，其次为安徽、浙江、江苏等省。总面积约 43 万公顷。枣树为落叶乔木，高达 10 米，花 3～5 朵簇生于脱落性（枣吊）的腋间，为不完全的聚伞花序，花黄色或黄绿色。

枣树耐寒力强，也耐高温，耐旱、耐涝。开花期为 5 月份至 7 月上旬，因纬度和海拔高度不同而异。日平均温度达 20℃时进入始花期，日平均温度 22℃～25℃以上时进入盛花期，连日高温会加快开花进程、缩短花期。阴雨和低温会延缓开花。群体花期长达 35～45 天，泌蜜期 25～30 天。气温 26℃～32℃，空气相对湿度 50%～70%，泌蜜正常；气温低于 25℃泌蜜减少，空气相对湿度 20% 以下，泌蜜少、花蜜浓度高、蜜蜂采集困难。若开花前雨量充足，花期间适当降雨，则泌蜜量大。雨水过多、连续阴雨天气或高温干旱、刮大风等对开花泌蜜不利。每群蜂可产蜜 15～25 千克，有时可高达 40 千克。枣树蜜多粉少。

4. 乌桕 乌桕别名桠子、木梓、木蜡树。大戟科，主要分布于秦淮河以南各省（区）及台湾、浙江、四川、重庆、湖北、贵州、湖南、云南，其次是江西、广东、福建、安徽、河南等。乌桕为落叶乔木，高 15～20 米，穗状花序顶生；乌桕开黄绿色小花。

乌桕喜温暖、湿润气候，多数省份乌桕的开花期在 6～7 月份，花期约 30 天。泌蜜适宜温度 25℃～32℃，当气温为 30℃、空气相对湿度 70% 以上时泌蜜最好；高于 35℃泌蜜减少，阴天气温低于 20℃时停止泌蜜。一天之中，上午 9 时至下午 6 时泌

蜜，以中午 1～3 时泌蜜量最大。乌桕花期夜雨日晴，高温湿润，泌蜜量大；阵雨后转晴、温度高，泌蜜仍好；连续阴雨或久旱不雨则泌蜜少或不泌蜜。每群蜂可产蜜 20～30 千克，丰年可达 50 千克以上，乌桕蜜、粉丰富。

5. **柿树** 柿树别名柿子，柿树科。分布广，数量多。河北、河南、山东、山西、陕西为主产区。柿树为乔木，高 15 米，雌雄同株或异株，雌花为小聚伞花序，花黄白色。

柿树耐旱，适应性强。种植后 4～5 年开始开花，10 年后大量开花泌蜜。开花期在萌芽抽梢后约 35 天，要求日平均气温在 17℃以上。山东、河南开花期为 5 月上中旬，花期 15～20 天。一朵花的开放期约 0.5 天，早晨开放，午后即凋谢。空气相对湿度 60%～80%，晴天气温达 28℃，泌蜜量最大。意蜂群产量可达 10～20 千克，蜜多粉少，流蜜有大小年现象。

6. **荔枝** 荔枝别名荔枝母、离枝、大荔，无患子科。原产我国热带及南亚热带地区，全国种植面积约 7 万公顷。荔枝为常绿乔木，高 10～30 米，双数羽状复叶、互生，小叶 2～8 对，长椭圆形或披针形，为混合型的聚伞花序圆锥状排列；花小、黄绿色或白绿色。有早、中、晚三大品种，主要分布于广东、福建、台湾、广西、四川、海南、云南、贵州。其中，广东、福建、台湾和广西的面积较大，是我国荔枝蜜的主产区。

荔枝喜温暖湿润的气候，在土表深厚、有机质丰富的冲积土上生长最好。开花期 1～4 月份，群体花期约 30 天。主要流蜜期 10 天左右。荔枝在气温 10℃以上才开花，8℃以下很少开花，18℃～25℃时开花最盛，泌蜜最多。荔枝夜间泌蜜，温暖天气傍晚开始泌蜜；以晴天夜间暖和、微南风天气、空气相对湿度为 80% 以上，泌蜜量最大。若遇北风或西南风则不泌蜜。大年每群意蜂可产蜜 10～25 千克，丰年可达 30～50 千克。有大小年现象，蜜多粉少。

7. **龙眼** 龙眼别名桂圆、圆眼、益智，无患子科，是我国南方亚热带名果，全国种植面积约 7.5 万公顷。龙眼为常绿乔木，树高 10～20 米，双数羽状复叶、互生，小叶 2～6 对，长椭圆形或长椭圆状披针形；为混合型聚伞圆锥花序，花小、淡黄白色。主要分布于福建、广西、广东、台湾及四川，海南、云南、贵州等省（区）种植面积较小。

龙眼适于土层深厚、肥沃和稍湿润的酸性土壤，开花期为 3 月中旬至 6 月中旬，泌蜜期 15～20 天，品种多的地区花期长达 30～45 天，开花适温 20℃～27℃，泌蜜适温 24℃～26℃，在夜间暖和南风天气，空气相对湿度 70%～80% 时泌蜜量最大。有大小年现象，正常年份群产 15～25 千克，丰年可达 50 千克左右。蜜多粉少。

8. **荆条** 荆条别名荆柴、荆子，马鞭草科。华北是分布的中心，主要产区有辽宁、河北、北京、内蒙古、山东、河南、安徽、陕西、甘肃、四川、重庆等。荆条为落叶灌木，高 1.5～2.5 米，圆锥花序顶生或腋生，花冠淡紫色。

荆条耐寒、耐旱、耐瘠薄，适应性强。荆条开花期 6～8 月份，主花期约 30 天。因生长在山区，海拔高度和局部小气候等不同，开花有先后。浅山区比深山区早开花。气温 25℃～28℃ 泌蜜量最大；夜间气温高、湿度大的"闷热"天气，次日泌蜜量大；一天中，上午泌蜜比中午多。每群意蜂可产蜜 25～40 千克。蜜多粉少。

9. **苕子** 苕子别名兰花草子、巢菜、广东野豌豆，豆科。苕子种类多，分布广。我国约有 30 种，全国种植面积约 67 万公顷。主要分布于江苏、广东、陕西、云南、贵州、安徽、四川、湖南、湖北、广西、甘肃等省（区），新疆、东北、福建及台湾等省（区）也有栽培。苕子为一年生或多年生草本，总状花序腋生，花冠蓝色或蓝紫色。

苕子耐寒、耐旱、耐瘠薄，适应性强。开花期为3～6月份。因种类和地区不同，开花期也不尽相同。一个地方的花期20～25天。气温20℃开始泌蜜，泌蜜适温24℃～28℃。蜜、粉丰富，每群意蜂产量可达15～40千克。

10. 紫云英 紫云英别名红花草、草子，豆科，原产我国中南部，每年种植面积约800万公顷。紫云英为一年生或2年生草本，高0.5～1米，伞形花序，腋生或顶生，花冠粉红色或蓝紫色，偶见白色。主要分布于长江中下游及南部省（区），其中种植面积较大的有湖南、湖北、江西、安徽和浙江等省。

紫云英生长在湿润爽水的沙土、重壤土、石灰质冲积土上泌蜜良好，开花期因地区、播种期和品种等不同而有差异，一般为1～5月份。泌蜜期20天左右，早熟种花期约33天，中熟种约27天，晚熟种约24天。泌蜜适温为20℃～25℃，空气相对湿度75%～85%，晴暖高温，泌蜜最多。每群蜂产蜜20～50千克。蜜多粉多。

11. 紫椴 紫椴别名籽椴、小叶椴，椴树科。主要分布于长白山、完达山和小兴安岭林区，面积约32万公顷，主产区为黑龙江、吉林。紫椴为落叶乔木，高达20多米，聚伞花序，花瓣淡黄色。

紫椴喜凉温气候、耐寒，深根性的阳性树种。紫椴开花期为7月上旬至下旬，花期约20天；糠椴开花期为7月中旬至8月中旬，花期20～25天。两种椴树开花交错重叠，群体花期长达35～40天。大年和春季气温回升早而稳定的年份开花早，阳坡比阴坡开花早。泌蜜适温20℃～25℃，高温、高湿泌蜜量大。大年每群意蜂可产蜜20～30千克，丰年可达100千克。

12. 大叶桉 大叶桉别名桉树，桃金娘科。主要分布于长江以南各省区，如广东、海南、广西、四川、云南、福建、台湾等地，湖南、江西、浙江和贵州等省（区）的南部地区也有种植。

大叶桉为常绿乔木，高达 25～30 米，伞形花序腋生。

大叶桉喜温暖、湿润气候。开花期 8 月中下旬至 12 月初。花期长达 50～60 天，甚至更长，盛花泌蜜期 30～40 天。气温高、湿度大的天气泌蜜量大，花蜜浓度较低；寒潮低温、北风盛吹时泌蜜减少或停止。寒潮过后，气温上升至 15℃以上仍可恢复泌蜜；气温 19℃～20℃时，泌蜜最多。每群蜂产蜜量可达 10～30 千克。

13. 沙枣　别名桂香柳、银柳，胡颓子科。是我国西北地区夏季主要蜜源植物。沙枣为落叶乔木或灌木，高 5～15 米，单叶互生，椭圆状披针形至狭披针形。蜜腺位于子房基部，花两性，1～3 朵腋生，黄色，花被筒钟形。主要分布于新疆、甘肃、宁夏、陕西、内蒙古等地。

沙枣是喜光、旱生树种，抗寒性极强，并耐寒冷、抗风沙。开花期为 5～6 月份，花期长约 20 天。生长在地下水丰富、较湿润的地方，泌蜜量较大。每群意蜂可产蜜 10～15 千克，最高可达 30 千克。蜜、粉丰富。

14. 枇杷　别名卢橘，蔷薇科。主要分布于浙江、福建、江苏、安徽、台湾等省，为冬季主要蜜源。枇杷为常绿小乔木，叶呈倒卵圆形至长椭圆形，圆锥花序顶生，花白色，蜜腺位于花筒内周。花粉黄色，花粉粒长球形。

开花期 10～12 月份，开花泌蜜期 30～35 天，泌蜜适温 18℃～22℃，空气相对湿度 60%～70%，夜凉昼热、南方天气泌蜜多。每群蜂可产蜜 5～10 千克。

15. 油菜　别名芸薹，十字花科。我国油菜栽培面积约为 550 万公顷，分布区域广。类型品种多，花期因地而异，花期较长，蜜、粉丰富，蜜蜂喜欢采集，是我国南方冬春季和北方夏季的主要蜜源植物。油菜分布区域广，主要分布于广东、浙江、福建、广西、贵州、云南、台湾、江西、江苏、上海、湖南、湖

北、安徽、四川、山东、河南、河北、山西、甘肃、宁夏、青海、西藏、新疆、内蒙古、辽宁、黑龙江及吉林等地。

油菜为一年生或两年生草本，茎直立。高 0.3～1.5 米，总状花序，顶生或腋生，花一般为黄色，雄蕊外轮 2 枚短、内轮 4 枚长，内轮雄蕊基部有 4 个绿色蜜腺。其类型分 3 种：白菜型，如黄油菜；甘蓝型，如胜利油菜；芥菜型，如辣油菜。

流蜜适温 24℃左右，一般花期 1 个月。油菜开花期因品种、栽培期、栽培方式及气候条件等不同而异，同一地区开花先后顺序依次为白菜型、芥菜型、甘蓝型，白菜型比甘蓝型早开花 15～30 天。同一类型中的早、中、晚熟品种花期相差 3～5 天。油菜的适应性强，喜土层深厚、土质肥沃而湿润的土壤。它开花泌蜜适宜的相对湿度为 70%～80%，泌蜜适温为 18℃～25℃，一天中 7～12 时开花数量最多，占当天开花数的 75%～80%。

开花早的可用来繁殖蜂群，开花晚的可生产大量商品蜜，比较稳产；南方某些地方如遇寒流，阴雨天多，会影响产量。油菜蜜浅黄色，易结晶，蜜质一般。

16. 紫苜蓿 别名苜蓿、紫花苜蓿，豆科。是我国北方优良牧草，主要分布于黄河中下游地区和西北地区。全国栽培面积约 66.7 万公顷，以陕西、新疆、甘肃、山西和内蒙古面积较大，其次是河北、山东、辽宁、宁夏等地。

紫苜蓿为多年生草本植物，高 0.3～1 米，总状花序，腋生，花萼筒状钟形，花冠蓝紫色或紫色。花粉粒近球形，黄色，赤道面观为圆形，极面观为 3 裂圆形。

紫苜蓿耐寒、耐旱、耐贫瘠，适应性强。开花期为 5～7 月份，花期约 30 天。泌蜜适温为 28℃～32℃，每群蜂产蜜量可达 15～30 千克，高者可达 50 千克以上。蜜多粉少。

17. 柠檬桉 别名留香久，桃金娘科。主要分布于广东、广西、海南、福建、台湾，其次是江西、浙江南部、四川、湖南南

部、云南南部等地。

柠檬桉为常绿乔木，幼叶 4～5 对，对生，具腺毛，叶柄盾状着生；成年叶互生，披针形或窄披针形或镰状。顶生或侧生圆锥花序，萼筒杯状，深黄色蜜腺贴生于萼管内缘。比较耐旱，适应性较强。

始花期，雷州半岛 11 月中旬，广州、南宁 12 月上旬，花期长达 80～90 天。气温 18℃～25℃，空气相对湿度 80% 以上泌蜜量最大。每群蜂可产蜜 8～15 千克。蜜多粉少。

18. 向日葵　别名葵花、转日莲，菊科。主要产区是黑龙江、辽宁、吉林、内蒙古、新疆、宁夏、甘肃、河北、北京、天津、山西、山东等地区。种植面积 70 万～100 万公顷。

向日葵为一年生草本，高 2～3 米，叶互生，宽卵形。头状花序，单生于茎顶，雌花舌状，两性花管状，花黄色。花粉深黄色，花粉粒长球形，赤道面观长球形，极面观为 3 裂圆形。

耐旱、耐盐碱、抗逆性强，适应性广。花期 7 月至 8 月中旬，主要泌蜜期约 20 天，气温 18℃～30℃时泌蜜良好。每群意蜂可产蜜 15～40 千克，最高可达 100 千克。蜜、粉丰富。

19. 山乌桕　山乌桕别名野乌桕、山柳、红心乌桕，属大戟科。广泛分布于南方热带、亚热带山区，主要分布于江西、湖南、广东、福建、浙江、广西、云南、贵州等地山区。

山乌桕为落叶乔木或灌木，单叶互生或对生，椭圆形或卵圆形。穗状花序顶生，密生黄色小花，苞片卵形，每侧各有 1 个蜜腺。花粉淡黄色，圆形或近圆形。

生于土层深厚、肥沃、含水量丰富的山坡和山谷森林中。开花期因海拔、纬度、树龄、树势等不同而异，4 月中下旬形成花序，5 月中下旬开花。花期约 30 天，泌蜜期 20～25 天，泌蜜适温 28℃～32℃。每群意蜂可产蜜 15～20 千克，丰年可达 25～50 千克。蜜、粉丰富。

二、辅助蜜源植物

辅助蜜源植物是指具有一定数量，能够分泌花蜜、产生花粉，被蜜蜂采集利用，供蜜蜂维持生活和繁殖用的植物。

辅助蜜源植物在我国分布区域很广，种类也很多。下面仅对一些重要的辅助蜜源植物做简单介绍。

1. 五味子　别名北五味子、山花椒，木兰科。落叶藤本植物，雌雄同株或异株。花期5～6月份，蜜、粉较多。分布于湖南、湖北、云南东北部、贵州、四川、江西、江苏、福建、山西、陕西、甘肃等地。

2. 西瓜　别名寒瓜，葫芦科。一年生蔓生草本植物，叶片3深裂，裂片有羽状或2回羽状浅裂。花雌雄同株，单生，花冠黄色。花期6～7月份，蜜、粉较多。全国各地都有栽培。

3. 黄瓜　别名胡瓜，葫芦科。一年生蔓生或攀援草本，花黄色，雌雄同株。花期5～8月份，蜜、粉丰富。全国各地均有栽培。

4. 蒲公英　别名婆婆丁，菊科。多年生草本，花黄色，总苞钟状，顶生头状花序。花期3～5月份，蜜、粉较丰富，全国各地都有分布。

5. 益母草　别名益母蒿，唇形科。一年生或二年生草本，轮伞花序，花冠粉红色至紫红色，花萼筒状钟形。花期5～8月，蜜、粉较丰富。全国各地都有分布。

6. 苹果　蔷薇科。落叶乔木，伞房花序，有花3～7朵，白色。花期4～6月份，蜜、粉丰富。主要分布于辽东半岛、山东半岛、河南、河北、陕西、山西、四川等省（区）。

7. 金银花　别名忍冬、双花，忍冬科。野生藤本，叶对生，花初开白色，外带紫斑，后变黄色，花筒状成对腋生。花期

5～6月份，泌蜜丰富。分布于全国各地。

8. **萱草** 别名金针菜、黄花菜，百合科。多年生草本，花黄色，花冠漏斗状。花期6～7月份，蜜、粉丰富。分布于河北、山西、山东、江苏、安徽、云南、四川等省（区）。

9. **草莓** 别名高丽果、凤梨草莓，蔷薇科。多年生草本，花冠白色，聚伞花序，花期5～6月份，全国各地都有栽培。

10. **玉米** 别名苞米，禾本科。一年生草本，栽培作物。异花授粉，花粉为淡黄色。全国各地广泛分布，主要分布于华北、东北和西南。春玉米6～7月份开花，夏玉米8月份至9月上旬开花。花期一般20天。单群采粉量100克左右。

11. **马尾松** 松科。长绿乔木，马尾松、白皮松、红松等都具有丰富的花粉。花期3～4月份，在粉源缺乏的季节，蜜蜂多集中采集松树花粉。除了繁殖、食用外，还可生产蜂花粉。主要分布于淮河流域和汉水流域以南各地。

12. **油松** 别名红皮松、短叶松，长绿乔木，松科。穗状花序，花期4～5月份，有花蜜和花粉。主要分布于东北、山西、甘肃、河北等省。

13. **杉木** 别名杉，杉科。长绿乔木，花粉量大，花期4～5月份。主要分布于长江以南和西南各省区，河南桐柏山和安徽大别山也有分布。

14. **钻天柳** 别名顺河柳，杨柳科。落叶乔木，柔荑花序，雌雄异株。花期5月份，蜜、粉较多。广泛分布于东北林区和全国各地。

15. **胡桃** 别名核桃，胡桃科。落叶乔木，柔荑花序，雌雄异株。花期3～4月份，花粉较多。全国各地都有分布。

16. **鹅耳枥** 别名千斤榆、见风干，桦木科。落叶灌木或小乔木，单叶互生，卵形至椭圆形。花单性，雌雄同株，柔荑花序。花期4～5月份，花粉丰富。分布于东北、华北、华东、陕

西、湖北、四川等地区。

17. **白桦** 别名桦树、桦木、桦皮树，桦木科。落叶乔木，树皮白色。花单性，雌雄同株，柔荑花絮。花期4～5月份，花粉较丰富。主要分布于东北、西北、西南各地。

18. **鹅掌楸** 别名马褂木，木兰科。落叶乔木，花被9片，内面淡黄色，雄蕊多数。花期4～6月份，蜜、粉较多。分布于长江以南各省。

19. **柚子** 别名抛栗，芸香科。常绿乔木，花大，白色。花单生或数朵簇生于叶腋，花期5～6月份，蜜、粉丰富。主要分布于福建、广西、云南、贵州、广东、四川、江西、湖南、湖北、浙江等地。

20. **楝树** 别名苦楝子、森树，楝科。落叶乔木，花紫色或淡紫色，圆锥花序腋生，花期3～4月份，蜜、粉较多。分布于华北、南方各地。

21. **枸杞** 别名仙人仗、狗奶子，茄科。蔓生灌木，花淡紫色，花腋生，花萼钟状，花冠漏斗状。花期5～6月份，泌蜜丰富。分布于东北、宁夏、河北、山东、江苏、浙江等地。

22. **板栗** 别名栗子、毛栗，壳斗科。落叶乔木，花呈浅黄绿色，雌雄同株，单性花，雄花序穗状，直立，雌花着生于雄花序基部。花期5～6月份，花期20多天，花粉丰富。在全国各地广泛分布。

23. **中华猕猴桃** 别名猕猴桃、羊桃、红藤梨，猕猴桃科。藤本，花开时白色，后转为淡黄色，聚伞花序，花杂性，花期6～7月份，蜜、粉较多。分布于广东、广西、福建、江西、浙江、江苏、安徽、湖南、湖北、河南、陕西、甘肃、云南、贵州、四川等地。

24. **李** 别名李子，蔷薇科。小乔木，花冠白色，萼筒钟状。花期3～5月份，蜜、粉丰富。全国各地都有分布。

25. **樱桃** 蔷薇科。乔木，花先开放，3～6朵成伞形花序或有梗的总状花序。花期4月份，蜜、粉多。全国各地都有分布。

26. **梅** 别名干枝梅、酸梅、梅子，蔷薇科。落叶乔木，少有灌木，花粉红色或白色，单生或2朵簇生。花期3～4月份，蜜、粉较多。分布于全国各地。

27. **杏** 别名杏子，蔷薇科。落叶乔木，花单生，白色或粉红色。花期3～4月份，蜜、粉较多。全国各地都有分布。

28. **山桃** 别名野桃、花桃，蔷薇科。落叶乔木。花粉红色或白色，单生，花期3～4月份，蜜、粉丰富。分布于河北、山西、山东、内蒙古、河南、陕西、甘肃、四川、贵州、湖北、江西等地。

29. **锦鸡儿** 别名柠条，豆科。小灌木。花单生，花萼钟状，花冠黄色。花期4～5月份，蜜粉丰富。分布于河北、山西、陕西、山东、江苏、湖北、湖南、江西、贵州、云南、四川、广西等省（区）。

30. **沙棘** 别名酸刺、醋柳，胡颓子科。落叶乔木或灌木，花淡黄色，雌雄异株，短总状花序生于前1年枝上。花期3～4月份，蜜、粉丰富。分布于四川、陕西、山西、河北等地。

31. **合欢** 别名绒花树、马缨花，豆科。落叶乔木，花淡红色，头状花序，呈伞房状排列，腋生或顶生。花期5～6月份，蜜、粉较多。分布于河北、江苏、江西、广东、四川等地。

32. **栾树** 别名栾、黑色叶树，无患子科。落叶乔木，花淡黄色，中心紫色，圆锥花序顶生，花期6～8月份，花粉丰富。分布于东北、华北、华东、西南、陕西、甘肃等地。

33. **榆** 别名家榆、白榆，榆科。落叶乔木，花粉为紫黑色，花期3～4月份。分布于东北、华北、西北、华东等地。同属种类若干种，都是较好的粉源植物。

34. **盐肤木** 别名五倍子树，漆树科。灌木或小乔木，单

数羽状复叶互生，小叶卵形至长圆形。圆锥花絮，萼片阔卵形，花冠黄白色。花期8～9月份，蜜、粉丰富。分布于华北、西北、长江以南各地。

三、有毒蜜源植物

有些蜜源植物所产生的花蜜或花粉能使人或蜜蜂出现中毒症状，这些蜜源植物被称为有毒蜜源植物。

蜜蜂采食有毒蜜源植物的花蜜和花粉，会使幼虫、成年蜂和蜂王发病、致残和死亡，给养蜂生产造成损失；人误食蜜蜂采集的某些有毒蜜源植物的蜂蜜和花粉后，会出现低热、头晕、恶心、呕吐、腹痛、四肢麻木、口干、食管烧灼痛、肠鸣、食欲不振、心悸、眼花、乏力、胸闷、心跳急剧、呼吸困难等症状，严重者可导致死亡。

毒蜜大多呈琥珀色，少数呈黄、绿、蓝、灰色，有不同程度的苦、麻、涩味。大部分有毒蜜源植物的开花期在夏秋季节，林下养蜂场选址时应远离有毒蜜源植物的分布地。

1. 雷公藤　别名黄蜡藤、菜虫药、断肠草，为卫矛科藤本灌木。分布于长江以南各省、自治区及华北至东北各地山区。

湖南省为6月下旬开花，云南省为6月中旬至7月下旬开花。泌蜜量大，花粉为黄色、扁球形，赤道面观为圆形，极面观为3裂或4裂（少数）圆形。若开花期遇到大旱，其他蜜源植物少时，蜜蜂会采集雷公藤的蜜汁而酿成毒蜜。蜜呈深琥珀色，味苦而带涩味。

2. 黎芦　别名大黎芦、山葱、老旱葱，为百合科多年生草本植物。主要分布于东北林区，河北、山东、内蒙古、甘肃、新疆、四川也有分布。

花期在东北林区为6～7月份。蜜、粉丰富。花粉椭圆形，

赤道面观为扁三角形，极面观为椭圆形。蜜蜂采食后发生抽搐、痉挛，有的采集蜂来不及返巢就死亡，并能毒死幼蜂，造成群势急剧下降。

3. **紫金藤**　别名大叶青藤、昆明山海棠，卫矛科藤本灌木。主要分布于长江流域以南至西南各地。

开花期 6～8 月份，花蜜丰富。花粉粒呈白色，多数为椭圆形。全株剧毒，花蜜中含有雷公藤碱。

4. **苦皮藤**　别名苦皮树、马断肠，卫矛科藤本灌木。主要分布于陕西、甘肃、河南、山东、安徽、江苏、江西、广东、广西、湖南、湖北、四川、贵州、福建北部、云南东北部等地。

开花期为 5～6 月份，花期 20～30 天。粉多蜜少，花粉呈灰白色，花粉粒呈扁球形或近球形。全株剧毒，蜜蜂采食后腹部胀大，身体痉挛，尾部变黑，喙伸出呈钩状死亡。

5. **钩吻**　别名葫蔓藤、断肠草，马钱科常绿藤木。主要分布于广东、海南、广西、云南、贵州、湖南、福建、浙江等地。

开花期为 10～12 月份至翌年 1 月份，花期长达 60～80 天，蜜、粉丰富，全株剧毒。

6. **博落回**　别名野罂粟、号筒杆，罂粟科多年生草本。主要分布于湖南、湖北、江西、浙江、江苏等省。

花期 6～7 月份，蜜少粉多。花粉粒呈灰白色，球形。蜂蜜和花粉对人和蜜蜂都有剧毒。

第四章
蜂群基础管理

蜂群基础管理也叫常规管理，是每个养蜂员必须掌握的基本技能。养蜂者只有熟练掌握这些基本技能，才能根据蜂群发展的需要，结合本地气候和蜜源，合理地采取管理措施，达到饲养强群、提高产品收益的目标。蜜蜂饲养的基础管理主要有蜂群的排列、蜂群的检查、蜂群饲喂、蜂群的移动、蜂王诱入、巢脾修造与保存、盗蜂的预防和自然分蜂预防等。

一、蜂群排列

西蜂认巢能力强，中蜂却相对较弱，所以应针对不同的蜂种进行蜂群排列，而且定地饲养和转地饲养的蜂群排列也有所不同。根据蜂群数量、场地大小和饲养方式，以便于管理、不易引起迷巢和发生盗蜂为原则进行排列。蜂群排列好后，不要轻易移动蜂群位置。

（一）确定排列方法

在蜂群进场以前，必须熟悉场地的地形地貌及周围环境情

况，了解蜂场的面积，并确定好排列方法；蜂群进场后可以直接进行摆放，缩短搬动时间，也减少对蜂群的干扰。

对于比较宽敞且平坦的场地，蜂群摆放可以适当地分散一点；场地比较小而且高低不平时，应注意强弱群的搭配。为了防止偏集和合并上的便利，应将弱群摆放在高处或者上风口。确定排列方案时，还应考虑生产和季节因素，越冬蜂群可以适当靠近一些，便于保温和繁殖；生产季节蜂群间距离可以加大一点，便于管理和生产。

（二）排列前的准备工作

蜂群进场前，必须对场地进行平整、除草、清扫，并对整个场地进行一次全面的消毒，然后进行蜂群摆放。准备好蜂箱架或竹桩；中蜂和意蜂一般不宜同场饲养，尤其在缺蜜季节，西方蜜蜂容易侵入中蜂群内盗蜜，致使中蜂缺蜜，严重时引起中蜂飞逃。

（三）蜂群排列方式

1. **中蜂排列** 中蜂认巢能力差，容易错投，并且盗蜂性强，所以中蜂排列不能太紧密，以防蜜蜂错投、斗杀和引起盗蜂。中蜂蜂箱的排列应根据地形、地物适当分散排列，各蜂群的巢门方向应尽可能错开。在山区可利用斜坡、树丛或大树布置蜂群，使各个蜂箱巢门的方向、位置高低各不相同，蜂箱位置明显，易于蜂群识别。

2. **西方蜜蜂排列** 我国西方蜜蜂的排列方式有单箱并列、双箱并列、一字形排列、环形排列等；国外蜂群还有三箱、四箱和多箱排列等方式。这些蜂群排列方式各有特点，可根据场地的大小和蜜蜂饲养管理的需要选择。

对于养蜂者来说，为了避免蜜蜂误入其他蜂群，最好在蜂箱前壁或巢门前，涂上黄、蓝、绿、白等不同的颜色，有利于蜜

蜂识别。蜂群的排列主要有单箱排列、双箱排列、三箱排列、圆形排列等方式。

单箱排列：蜂箱之间相距1米左右，各行之间相距2米。

双箱排列：两箱为一组并列在一起，各组相距1米，前后行之间的蜂群位置要相互交错。

三箱排列：三群为一组，呈"品"字形排列。

实践证明，U形和矩形排列，蜜蜂较少迷巢，"一"字形排列蜜蜂最易迷巢。摆放蜂群时，蜂箱左右保持平衡，后部稍高于前部，以防止雨水流入。蜂群的巢门通常朝南或偏东南、西南方向。蜂箱附近地面铺细沙，以防蚂蚁侵入。交尾群分散放置在蜂场外围，巢门方向互相错开，便于处女王返巢时识别。中蜂的认巢能力差，但嗅觉灵敏，当采用紧挨、横列的方式布置蜂群时，工蜂常误入邻巢，并引起格斗。因此，中蜂蜂箱应依据地形、地物尽可能分散排列；各群的巢门方向，应尽可能错开。在山区，利用斜坡布置蜂群，可使各箱的巢门方向、前后高低各不相同，最为理想。

蜂群进入新场地摆放好后，必须等待蜜蜂出游飞翔认巢安定后方能开箱检查，以免发生斗杀或围王现象。

（四）蜂群放置

放置蜂群时，除转地途中临时放蜂之外，无论采用哪种蜂群的排列方式，都应用砖头、木桩或竹桩将蜂箱垫高30～40厘米，以免地面上的潮气腐蚀箱底；同时，可在木桩或竹桩顶端倒扣玻璃瓶，防止蚂蚁、白蚁及蟾蜍危害。固定蜂场可设立固定的放蜂平台。

蜂箱摆放应左右平衡，避免巢脾倾斜，且蜂箱前部应略低于蜂箱后部，避免雨水进入蜂箱，但是蜂箱倾斜不宜太大，以免刮风或其他因素引起蜂箱翻倒。

蜂箱夏日应安放在阴凉通风处，冬日应安放在避风向阳的地方。在我国北方秋末和中部越冬前期，为使蜜蜂减少出勤并降低巢温，可将巢门朝北排放。

此外，放置蜂群的地方，不能有高压电线、高音喇叭、彩旗、路灯、诱虫灯等吸引刺激蜜蜂的物体。蜂箱前面应开阔无阻，便于蜜蜂进出，不能将蜂群巢门面对墙壁、篱笆或灌木丛。

二、蜂群检查

蜂群检查是了解和掌握蜂群内部状况的重要措施，也是加强科学饲养管理的重要内容和必然手段。蜂群检查是一项繁杂且细致的工作，检查方法主要有 3 种：全面观察、局部检查和箱外检查。应根据需要和具体情况选择合适的检查方法。

（一）全面检查

全面检查工作量大，花费的时间多，但能准确、全面地了解蜂群内部情况，同时还可以及时采取相应的管理措施，如调整巢脾、加脾、抽脾等操作；全面检查主要掌握蜂子的数量及发育状况、蜂脾比例、蜂王活动及产卵数量、饲料贮存量及病虫害等情况。在分蜂季节，还应注意有无自然王台及分蜂热。

1. **检查前的准备工作** 在对蜂群进行检查前，为了提高检查效率、质量，缩短检查时间，首先应该明确本次检查的目的和主要内容，准备好开箱检查基本工具，如喷烟器、蜂帽、蜂刷以及巢础、巢框等，还要准备好笔和记录表，以便及时了解、记录和解决发现的问题。开箱检查人员事先要穿上工作服，戴好蜂帽，身上不能有葱蒜、汗水、香脂、香粉、化学药品等异味，不要穿戴黑色毛料衣帽，因为蜜蜂厌恶这些气味和颜色，容易被激怒而蜇人。如果已被蜜蜂蜇刺，千万不能乱扑乱打，应该沉着忍

痛，轻轻将巢脾靠在蜂箱侧面或者后面，迅速用指甲将蜂针刮去，不要用手拔，被蜇的部位用清水或者肥皂水洗净擦干，然后再进行检查。

2. **检查条件**　开箱提脾检查，难免对蜂群生活造成一定影响，例如外界气温过低，蜜蜂育子需要保持相对恒定的巢温，如果贸然开箱提脾检查，必然使巢温下降，对幼虫的发育造成一定影响；如果在阴雨天开箱检查，蜜蜂性情暴躁容易蜇人，易引起蜂群混乱。检查蜂群需要注意以下问题：

① 检查蜂群适宜的外界温度为 20℃～30℃。

② 光线明亮。光线如果太暗，容易引起蜜蜂愤怒蜇人或乱钻。

③ 在早春或者晚秋，要在晴暖无风的天气开箱检查。

④ 缺乏蜜粉源时，尽量不要开箱。

⑤ 尽量减少开箱检查时间，越快越好。

⑥ 交尾群只能在早、晚进行检查，要避开蜂王交尾时间。

⑦ 开箱检查时力求轻捷、准确、沉着、仔细。

3. **开箱基本操作**

（1）**开启箱盖**　开启箱盖是检查的第一步，检查人应该站在蜂箱的一侧，或左或右，背对太阳；不要站在蜂箱前面，影响蜜蜂的正常出归巢活动。先揭开大盖，并将其反置于箱后或者侧面。中蜂不采胶，副盖可不用起刮刀即可直接拿开；西蜂需要用起刮刀将副盖撬起，副盖拿下后斜靠在巢门踏板上，便于蜜蜂爬入蜂巢。如果遇到蜂群凶暴，可喷少许烟使其安静，再行检查。

（2）**提脾操作**　提脾检查前，根据巢内空间大小，先将隔板、巢脾依次拉开 3～5 厘米的间隙，然后提脾检查。提脾时用双手的拇指和食指紧紧捏住巢脾的两个框耳，将巢脾垂直提起，注意不要与相邻的巢脾碰擦，以免损伤蜜蜂，尤其是蜂王。

（3）**全面观察**　提起巢脾之后，用中指轻轻地撑住巢框的两侧条，向里侧稍微倾斜进行观察。查看时，巢脾要置于蜂箱的上方，不能离蜂箱太远或者太高，以免蜂王掉落箱外造成损失。检查完巢脾一面后，一只手捏住框耳不动，另一只手将捏住的框耳提高，使巢脾的上梁和地面垂直，再以上梁为轴将巢脾旋转180°，接着将双手放平，使巢脾的上梁在下、底梁在上，检查脾的另一面。检查完毕后，将巢脾恢复到最初的状态。也可以在看完一面后，将巢脾的上梁向内倾斜、下梁向外倾斜，来查看另一面。查看完毕后，应快速将巢脾回复原位。

（二）局部观察

局部检查就是在需要了解蜂群某一情况时，如储粉、储蜜，蜂王产卵等进行的有目的、有重点的蜂群检查方法。局部检查工作量相对较轻，检查时间短，对蜂群的影响小一些，饲养蜂群较多或检查条件受到限制时，可以用局部检查，其查看巢脾的方法和全面检查一样。

局部观察前应确定检查目的、明确需要解决的问题，检查时有目的地抽脾查看，避免盲目检查，影响蜂群正常活动。

1. **蜜蜂数量**　打开箱盖，发现箱顶爬满蜜蜂，尤其是隔板外侧有大量蜜蜂拥在一起，说明蜂多于脾，需要加脾；如果发现脾面蜜蜂稀少，尤其是边脾上，说明群内蜜蜂数量少，则需要将多余的巢脾抽出，保持蜂脾相称。

2. **饲料状况**　开箱检查发现隔板内侧2～3脾有存蜜，表明蜂群不缺蜜；若开箱发现蜜蜂惊慌不安，易蜇人，边脾无存蜜，说明蜂群缺蜜；提脾时，如果脾面有蜜蜂掉落，说明蜂群缺蜜严重，应及时进行补助饲喂。

3. **蜂王情况**　蜂王一般在巢脾的中部活动，所以检查蜂王时，应该在巢脾中部提脾检查。如果没有看到蜂王，但发现巢

房内有卵或者小幼虫，说明蜂王正常；如果没有发现蜂王，而且也没有卵或者小幼虫，蜜蜂骚动，说明蜂王丢失；如果蜂王与一房多卵现象并存，说明蜂王有异常，应及时换王；如果没有发现蜂王且巢脾上卵分布不整齐，且一房多卵，东倒西歪，说明失王已久，工蜂开始产卵，出现这种情况应及时处理，减少不必要的损失。

4. 蜂子情况 在检查蜂群的哺育情况时，可从蜂巢的中部抽出 1～2 张巢脾进行检查，如果幼虫显得滋润、丰满、鲜亮，封盖子脾整齐，则说明发育正常；若虫体显得干瘪，甚至变色、变形或者出现异臭，整个子脾上卵、虫、封盖子零乱混杂，说明蜂子发育不良或者患有幼虫病。

5. 病害情况 在蜂群中部抽出一张幼虫脾和大幼虫脾，察看是否有幼虫病；观察大幼虫或封盖子是否有螨寄生或者其他蜂病；蜂群的卫生情况，在一定程度上代表了蜂群的健康状况，提脾时可观察箱底、蜂箱空处，如果没有发现污物或者蜂尸等虫体，说明蜂群健康旺盛。

（三）箱外观察

蜜蜂饲养人员进行蜂群管理时，应该主要通过箱外观察来了解蜂群的基本情况。通过箱外观察蜜蜂的出巢行为、采集情况和某些现象，来判断蜂群内部的基本情况，发现问题并针对问题采取切实可行的措施，进行科学的管理。因此，养蜂员要经常到蜂场巡视，在箱外观察蜜蜂的活动和各种迹象，推断蜂群的大致情况，必要时进行个别蜂群的重点检查。

1. 有无鼠害 蜂群越冬期，蜂箱前有碎蜂尸，表明发生了鼠害；如果从巢门掏出了碎尸和蜡渣，说明老鼠已潜入箱内，要开箱处理。

2. 饲料是否充足 越冬后期，个别蜂群不管天气好坏，不

断往外飞，或在巢门前爬出爬进，提起蜂箱感到很轻，表明蜂群缺乏饲料。如箱底死蜂成堆，死蜂腹缩小，喙伸出，说明蜜蜂是饥饿而死。

3. **中毒**　蜂场上有大量死蜂，翅散开，喙伸出，腹弯曲，且大多数死亡蜂是采集蜂，表明是中毒死亡。

4. **下痢症状**　早春，蜜蜂飞翔排泄时，巢门附近、蜂箱前壁有棕黑色粪污，表明可能是越冬饲料稀薄、含有甘露蜜或者感染了孢子虫病，致使蜜蜂患了下痢病。

5. **胡蜂侵害**　夏、秋季节，蜂箱前面的地面有缺头、断足的死蜂，且有胡蜂在蜂场飞舞，表明有胡蜂袭击蜜蜂。

6. **螨害**　不断发现一些体格弱小、翅残缺的蜜蜂爬出箱外，可能是遭受了螨害。

7. **蜂王情况**　有蜜粉源的晴暖天气，蜜蜂频繁出入，有大量回巢工蜂后足携带着花粉团，表明蜂王健在。蜂群的蜜蜂很少出巢采集花粉，有些蜜蜂在巢门振翅、来回爬动，可能是丧失了蜂王。

8. **分蜂预逃**　分蜂季节，有的蜂群采集蜜蜂显著减少，许多蜜蜂在巢门前形成"蜂胡子"，有的蜜蜂在咬巢门，说明蜂群在准备进行自然分蜂。

9. **发生盗蜂**　蜜源稀少时，巢门前有蜜蜂抱团厮杀，进巢蜂腹小，出巢蜂腹大，这是发生盗蜂的迹象。

10. **通风不良**　夏季，许多蜜蜂在巢门前扇风，晚间有些蜜蜂在巢前聚集成堆，表明蜂箱通风不良。

11. **进入流蜜期**　全场蜂群都在忙碌地从事采集，蜜蜂扇风酿蜜之声彻夜不停，表明已经进入主要蜜源植物的大流蜜期。

12. **幼蜂试飞**　晴暖的天气，在中午时刻，有数十只蜜蜂在蜂箱前盘旋飞舞，这是幼蜂的认巢活动，又称试飞。

（四）检查记录

检查蜂群的目的就是便于发现问题并及时解决问题，是养蜂人员对蜂群实行科学管理的重要手段。在检查蜂群的同时，应及时将蜂群的具体情况记录下来，随即针对发现的问题进行及时处理。要注意保留记录的资料，以便随时查阅，这对做好蜂群管理、搞好林下养蜂生产作用很大，也是科学管理和开展养蜂研究的必要手段。蜂群检查记录主要是记录本场各蜂群的基本情况和日常检查发现问题的处理情况。

检查记录表主要有 3 个记录表：蜂场情况记录表（表 4-1）、蜂群检查记录总表（表 4-2）及蜂群检查记录分表（表 4-3）。

表 4-1　蜂场情况记录表

场址：　　　　　　　　　　　负责人：　　　　　记录人：

年		蜂　群				蜜粉源	气　象				标准群			其他
月	日	群数	脾数	新分群	进出群	生产		天气	气温	湿度	风力	群数	重量	采集	

表 4-2　蜂群检查记录总表

蜂场名称：　　　　　　　　　检查人：

检查日期：　　月　　日　天气：　　　温度：　　蜜粉源：

群号	蜜蜂（框）	蜂王情况	饲料		子脾		空脾	巢础框	巢脾	问题及处理
			蜜	粉	虫	卵	蛹			

表4-3 蜂群检查记录分表

蜂群号：

蜂王始产期：　　年　　月　　日　　　　　上代母群号：

年		蜂王情况	蜜蜂（框）	巢脾（框）						问题及处理
月	日			子脾		蜜脾	粉脾	空脾	巢础框	共计	
				幼虫	蛹						

填表说明：以蜂群检查记录分表进行相关说明。

蜂王情况：蜂王情况一栏记录蜂王外表和产子情况是否正常，如果正常就打"√"，如果不正常则打"×"或记录实际情况。

蜜蜂（框）：巢脾两面都爬满工蜂并不重叠，就认为是一框蜜蜂。

子脾：是有卵、虫、封盖子的巢脾，只要巢脾上有蜂子，就是一个子脾，所以栏内数字均为整数。

幼虫：卵孵化至没有封盖前幼虫脾数量，用足框来计量。

蛹：封盖后的巢脾数量，用足框来计量。

蜜脾：指蜂巢中储存蜂蜜等糖饲料的数量，单位是"千克"。在检查时先目测储蜜的框数，再根据蜜蜂在巢房中的储满程度来估计所储蜂蜜的重量，一般来说，一个巢脾两面都爬满蜂蜜时，该脾的重量约为2千克。

粉脾：指巢内有花粉储存的巢脾，一般花粉的量用足框来记录。

空脾：空脾就是巢内无蜂子、储蜜、储粉的空脾的数量，也为整数。

巢础框：是指在蜂巢中巢础的数量。

问题及处理：对发现的问题和处理的具体操作做简要的记录。

三、蜂群饲喂

野生蜂群的饲料来源，只能依靠蜜蜂本身在自然界中进行采集，完全处于自生自灭的状态；而人工饲养的蜂群，却从根本上改变了这种状况，当它们从自然界采集到较多的花蜜和花粉，有了充足的饲料储备时，人们便可以从蜂巢中摇取多余的蜂蜜或者花粉；当自然界提供的饲料来源不足，或气候条件不适宜蜜蜂外出采集时，人们又能对它们进行补足饲喂。

养蜂的主要目的是为了获取蜂产品并给植物授粉，蜂群饲喂是为了更好地实现这个目标所采取的一种手段。"该取则取，该喂则喂"是养蜂人员在进行蜂群饲养管理中必须遵循的一条基本原则。对蜂群主要饲喂糖浆、花粉、水等。

（一）饲喂糖浆

蜜是蜂群的主要饲料，蜂群缺蜜就不能正常发展甚至难以生存。对蜂群喂糖浆有两种情况：一是补助饲喂，二是奖励饲喂。

1. 补助饲喂　补助饲喂就是在缺乏蜜源的季节，对储蜜不足的蜂群饲喂高浓度的蜂蜜或糖浆，使蜂群能维持正常的繁育和生活。给蜂群饲喂蜂蜜最好且最合理的办法就是给缺蜜的蜂群饲喂成熟封盖蜜。饲喂时可将储备的封盖蜜割掉部分蜜盖，并喷上少量温水，作为边脾或者边二脾直接加到蜂群中，一般每次补助1～2张蜜脾即可。如果巢内蜂蜜严重不足，则可以用数框蜜脾替换掉箱内的空脾。对处于繁殖季节的缺蜜蜂群，则可将较多的蜜脾放到空继箱内，待蜜蜂将蜂蜜搬走后，再去掉继箱。

2. 奖励饲喂　奖励饲喂是为了刺激蜂王产卵，工蜂泌浆育虫、快速造脾，提高蜂群采集积极性，以及合并蜂群、诱入蜂王之前稳定蜂群情绪。不管蜂群巢内储蜜是否充足，都给蜂群饲喂一定量的糖饲料，这种饲喂蜂群的方法就是奖励饲喂。奖励饲喂的量以巢内储蜜不挤压蜂王产卵圈为度。一般来说，意蜂每群每日饲喂 0.2～0.5 千克，中蜂每群每日饲喂 0.1～0.3 千克；巢内储蜜不足的蜂群，奖励饲喂的糖饲料浓度以及饲喂量都可适当增加；为了使蜜蜂持久兴奋、增强效果，奖励饲喂应每天晚上连续进行，不可无故中断。奖励饲喂的主要方法是采取饲喂或灌脾。在气温适宜、蜂群的群势较强的情况下，也可以在箱外进行奖励饲喂。奖励饲喂的时间可根据繁殖时间及需要确定。春季应于主要蜜源流蜜期到来前 45 天左右开始；秋季应在培育越冬蜂阶段进行；人工育王时，应在组织好哺育群后开始，直到王台封盖为止；生产王浆期间，也可以适量奖励饲喂花粉和蜜，以刺激工蜂泌浆的积极性。奖励饲喂的蜜或者糖浆可适量的稀一点，每次奖励饲喂量不宜过多，正常情况下每框蜂每次 50～100 克为宜，以免发生蜜压子脾的现象。

3. 饲喂蜂群的注意事项

① 不用来路不明的蜂蜜喂蜂，以防止蜂病传染；

② 缺蜜群和强群多喂，反之少喂；

③ 无粉期不奖励饲喂，以防蜜蜂空飞；

④ 傍晚喂，白天不喂，饲喂期间要缩小巢门，以防盗蜂；

⑤ 饲喂量以当晚食完为度，以防第二天发生盗蜂；

⑥ 在蜜源中断期喂蜂，应该防盗蜂，以免造成管理上的麻烦；

⑦ 红糖、散包土糖、饴糖、甘露蜜等，在北方均不可用作越冬饲料，以保障蜂群安全越冬。

（二）饲喂花粉

花粉是蜜蜂食物中蛋白质的主要来源。蜂群采集花粉，主要是用来调制蜂粮养育幼虫。一个强群一年中，要采集 25～35 千克花粉。1 万只幼虫在发育过程中需消耗蜂粮 1.2～1.5 千克。

粉源不足，会造成蜂王产卵减少和幼虫发育不良，严重影响蜜蜂群势的发展。此外，还会引起蜜蜂早衰及分泌王浆和蜂蜡的能力降低。因此，当蜂群在繁殖期内如果外界缺乏粉源时，必须及时补喂花粉。

蜂群饲喂花粉，通常是将花粉与糖浆制成花粉团的方式进行饲喂。方法是：将花粉适量用50%浓度的糖浆拌匀后，放置12～24小时，让糖浆渗入花粉团后，再酌情加入适量糖浆把花粉揉成团，至不流动为宜。随后，将花粉压成圆形小团，放在群内巢框上梁供蜜蜂自行取食。花粉团的数量以蜜蜂能在3天内取食完为宜。

（三）喂 水

水是蜜蜂维持生命活动不可缺少的物质，蜜蜂的各种新陈代谢都离不开水，蜜蜂食物中养料的分解、吸收、运送及其利用后剩下的废物排出体外，都需要水的作用。此外，蜜蜂还用水来调节蜂巢内的温湿度，蜂群一到繁殖期，尤其是在盛夏期，需水量相当惊人，一个处于繁殖阶段的中等蜂群，每天需消耗约250毫升水，当蜂群从外界采不到花蜜时，就会有很多蜜蜂飞往水池或潮湿的土壤表面采水。如果蜜蜂在强风或低温的天气下飞出采水，就会造成大量死亡；若在不清洁的水源采水，还容易引起蜂病。因此，自早春起直至秋末，应不断地用清洁饮水饲喂蜂群。喂水的方法是：在蜂场设置自动饲水器或铺有沙石的水盆，供蜜蜂飞往采水。在早春和晚秋，为防止采水蜂低温飞出造成冻死，可采取巢门喂水的方法，即用一个玻璃瓶或塑料瓶装满干净饮水后，放在巢门踏板上，并从瓶中引出一根棉纱带，让蜜蜂在湿润的棉纱带上吸水。

（四）喂 盐

无机盐是构成蜜蜂机体组织、促进生理功能、帮助消化不可缺少的物质。蜂群如缺乏必需的矿物质，蜜蜂便会到外面采

集，如果没有清洁的补盐渠道，蜜蜂就会到厕所小便池、人的皮肤上采集尿渍和汗渍。给蜂群喂盐可以和喂水结合起来，如在净水中加入 5% 的粗海盐，或者在饲喂器的流水板上放置盐袋，也可以将喂盐和喂糖浆结合起来，即在浓度 60% 的糖浆中，每升加入磷酸氢二钾 500 毫克或硫酸镁 725 毫克，或粗海盐 500 毫克。

四、巢脾修造及保存

巢脾是构成蜂巢的基础，蜜蜂在巢脾上繁殖、栖息、贮存食物。由于新蜂出房后，茧衣留在巢房内，多次育虫后，巢房孔会变小，影响到蜜蜂的发育，造成出房蜜蜂个体变小，体质和采集能力减弱，直接影响蜂蜜产量，也易造成疾病流行，因此蜂场应每年修造一部分新脾，更换老脾。巢脾较易受潮发霉及遭鼠害，气温较高时易生巢虫，被危害严重的巢脾便失去了使用价值，因此蜂场应加强对巢脾的保管。

一群蜂所需要的巢脾数量要依据饲养方式和方法而定，一张巢脾一般使用 1～3 年，中蜂喜欢新脾厌恶旧脾，所以中蜂巢脾最好一年一换。

（一）巢脾修造条件

在正常的蜂群里面，修造巢脾需具备以下条件：

1. **丰富的蜜源**　蜜蜂泌蜡造脾需要消耗大量的营养，正常条件下，蜜蜂泌 1 千克蜡需要消耗 3.5～3.6 千克以上的蜂蜜，只有在大流蜜期或者补助饲喂的情况下，蜜蜂才能造脾，才有造脾的积极性；如果有蜜源不造脾，就会造成蜜源浪费。

2. **适龄的泌蜡工蜂**　适龄泌蜡工蜂是造脾的重要条件，在没有分蜂情绪的蜂群里面，需要大量的适龄泌蜡工蜂（12～18日龄）和其他分工的工蜂，才能在短时期内修造好巢脾。

3. **充足的空间** 蜂箱内必须有添加巢础造脾的空间，当巢内有充足的饲料，蜂王产卵力旺盛，没有产卵和储存饲料的巢脾时，蜜蜂容易造脾。

（二）造脾需要准备的材料及工具

修造巢脾应准备巢框、巢础、25～26号细铅丝、蜂蜡等。所用的工具有：巢础埋线板、熔蜡壶、齿轮埋线器等。巢框，可自己制作，也可到专业店购买；巢础和铅丝均可购买。蜂蜡用量不大，可选用自己蜂场生产的没感染过蜂病的优质蜂蜡；巢础埋线板采用15毫米的厚木板，大小比巢框内围尺寸稍小，以易放进取出为度，木板下面两端各钉一条15毫米×15毫米的木条即成。熔蜡壶是用镀锌铁皮制成的双层壶。内壶盛蜡，外壶盛水，加热时先热水，蜡靠热水熔化，这样既避免了直接加热蜂蜡，又可使蜡液保持熔融状态。齿轮埋线器是将特制可转动齿轮装于一根细木棒上，靠碾压把铅线埋入巢础中，齿轮转动时齿距恰与巢础房眼距吻合，可以在市场上购买。

（三）造脾方法

只有多造脾、造好脾，使蜂群的巢脾不断更新，才能减少疾病的发生、促进蜂群的发展、提高蜂产品质量。造脾就是将巢础安装在巢框上，放入蜂群中，让工蜂在巢础上筑造蜂房，最后成为平整的巢脾。

1. **造脾条件** 修造巢脾需要一定的内部和外部条件，有蜂群因素、有自然因素、也有人为因素，只有每个条件都具备，才能造出平整的巢脾。

（1）**丰富的蜜粉源** 修造巢脾会大量地消耗工蜂体内的能量，丰富的蜜粉源是蜂群修造巢脾的物质保证。研究证明，每生产1千克蜂蜡需要消耗3千克以上的蜂蜜和700克左右的花粉，

没有充足的饲料作为保证，很难修造出质量好的巢脾。适宜造脾的蜜粉源以花期较长且稳定的蜜源为好，有些辅助蜜粉源也可以利用。修造巢脾应该在花期前期修造，尽量避开大流蜜期，以免影响蜂群采集和防止蜂群修造雄蜂脾。

（2）**合适的蜂群**　蜂群是修造巢脾的重要条件之一。只有处于快速发展期的蜂群才能在短时间内造好脾，这样的蜂群往往造脾积极性高、蜂王年轻健壮、产卵能力强，蜂群有较多的蜂子，巢内蜂多于脾，蜂群需要扩大蜂巢，且没有病害的危害，蜂群处于快速增长阶段。自然新分的蜂群造脾积极性都比较高，可加以充分利用。

（3）**较多的适龄造脾蜂**　蜜蜂有严格的分工，不同日龄的工蜂都有各自特定的巢内外工作，而且不同日龄的工蜂生理发育不同，一般12～18日龄青年工蜂才是最适宜造脾的工蜂，蜂群中这种青年蜂越多，蜂群的造脾能力就越强。

（4）**充足的空间**　在蜂群发展阶段，蜂巢中需要有一定的空间，便于安放巢础造脾。在造脾的时候，应该调整巢内空间，以免影响蜂群发展和产生分蜂热。

2. 造脾过程

（1）**工具准备**　制作巢脾用到的工具主要有巢础片、巢框、埋线器、熔蜡壶、手钳和铁丝等。应提前准备好各种工具。

（2）**穿线**　一般市场购买的巢框侧梁上都钻有4个穿线孔或6个穿线孔，自己制作的巢框需要先钻孔才能穿线，洞的距离应均衡，横向穿上24号或26号铁丝，先将一端固定好，用钢丝钳拉住另一端，用力拉紧，然后将此端固定好即可。

（3）**镶嵌巢础**　根据巢框的大小，在镶嵌巢础前，将巢础切割到大小刚好能够放入巢框中，下边缘要和巢框下梁保持5～8毫米的距离，与巢框侧梁保持3～5毫米的距离。然后将巢础片从巢框的中间插入，正反交叉在铁丝之间，使巢础两面都

有铁丝覆盖，巢础的上端放入巢框上梁的小槽中，然后用蜡液灌入固定好。接下来将整个巢框平放在埋线板上，用埋线器将铁丝轻轻地压入巢础中，巢础必须平整，不能凸凹。

（4）加础造脾 巢础安装好后，将其放入事先准备好的蜂群，就可以造脾了。加入前也可以在巢础上面喷洒少许蜜水，可以诱导蜂群造脾、提高蜂群造脾的积极性。

① 加础位置 巢础的位置，应该根据蜂群的情况而定。一般情况下，加在隔板内侧；如果蜂群蜂势较好，可以加在幼虫脾和卵脾之间；如果群势较小，可加在饲料脾和子脾之间。

② 加础时间 一般造脾宜在流蜜期，傍晚加入较好。辅助蜜源或者奖励饲喂的情况下可以在下午时加入。

③ 加础数量 巢础的多少也要根据蜂群的情况，一般加入1～2张即可。不能太多，以免对蜂群生产和繁育造成影响。

④ 造脾群管理 巢础加入后，可对造脾群进行适当的奖励饲喂，刺激蜂群造脾。加入后第二天进行检查，对造的不平整的巢脾进行修整，只有一面造的，可以将巢础翻转过来继续修造另一面。

（四）巢脾的保存

蜂群越冬或越夏前，蜂群的群势下降，应从蜂箱中抽出余脾。多余的巢脾如果不使用或者未经过消毒处理，很容易发霉或滋生巢虫。因此，取出的多余巢脾应该经过消毒处理后密封保存，以便日后使用。清理好的巢脾，应保存在鼠类、蜡螟以及蜜蜂都不能到达的地方。最好能将巢脾贮藏在特制的能密闭熏蒸的大橱内。大规模的蜂场应设立密闭的巢脾贮存室。一般蜂场保存巢脾大多利用现有的蜂箱贮存，在贮存巢脾前需将蜂箱彻底洗刷干净。

巢脾保存最主要的问题是防止巢虫的蛀食。巢脾应该保存在干燥清洁的地方，不能与农药、杀虫剂等有毒有害物质一起贮

藏。由于保存的巢脾经过药物熏蒸消毒，因此保存巢脾的位置也不宜选在人们经常活动的地方。

1. **清理修正**　从蜂群中抽取出来的巢脾应用起刮刀将巢框上的蜂胶、蜡瘤、下痢的污迹及霉点等杂物清理干净，然后分类放入蜂箱中，或分类放入巢脾贮存室的脾架上，并在箱外或脾架上加以标注。清理巢脾前，应将空脾中的少量蜂蜜摇尽，然后放到巢箱的隔板外侧，让蜜蜂将残余的蜂蜜舔吸干净，然后再取出清理。同类的巢脾放置在一起，以利于今后选择使用。

2. **消毒**　巢脾密封保存是为了防止鼠害和巢虫危害以及盗蜂的骚扰。巢脾在贮存前很可能有蜡螟的卵虫蛹，它们将蛀蚀密封中的巢脾，为了消灭这些蜡螟及其卵虫蛹，需要用药物进行熏蒸。蜡螟和巢虫在10℃以下就不再活动，因此气温在10℃以下的冬季保存巢脾可暂免熏蒸。用于熏蒸巢脾的药物主要有二硫化碳和硫磺粉两种。

（1）**二硫化碳熏蒸**　二硫化碳是一种无色、透明、有特殊气味的液体，比重为1.263，常温下容易挥发。气态二硫化碳比空气重，易燃、有毒，使用时应避免火源或吸入。用二硫化碳熏蒸巢脾只需处理1次，处理时相对较方便，效果好，但是成本高，对人体有害。

用二硫化碳熏蒸巢脾时，可在一个巢箱上叠加5～6层继箱，最上层加副盖。如非木质地板，应适当垫高防潮。巢箱和每层继箱均等距排列10张脾。二硫化碳气体比空气重，应放在顶层继箱内。如果盛放二硫化碳的容器较高，最上层继箱还应在中间留出2脾的位置放置二硫化碳的容器。蜂箱的所有缝隙用裁成条状的报纸糊严，待放入二硫化碳后再用大张报纸将副盖糊严。

在熏蒸操作时，为了减少吸入有毒的二硫化碳气体，向蜂箱中放入二硫化碳时应从下风处或从里面开始，逐渐向上风处或外面移动。二硫化碳气体能杀死蜡螟的卵、虫、蛹和成虫，因

此，经一次彻底处理后就能解决问题。二硫化碳的用量按每立方米容积30毫升计，即每个继箱的用量约1.5毫升。考虑到巢脾所处空间不可能绝对密封，实际用量可增加1倍左右。

（2）**硫磺粉熏蒸**　硫磺粉熏蒸是通过硫磺粉燃烧后产生大量的二氧化硫气体达到杀灭巢虫和蜡螟的目的。二氧化硫熏脾，一般只能杀死蜡螟和巢虫，不能杀死蜡螟的卵和蛹，故要彻底杀灭蜡螟须待蜡螟的卵、蛹孵化成幼虫和蛹羽化成成虫后再次熏蒸。因此，用硫磺粉熏蒸需在第一次熏蒸后10～15天熏第二次，再过15～20天熏蒸第三次。硫磺粉熏蒸具有成本低、易购买的特点，但是操作较麻烦，操作不慎易发生火灾。

硫磺燃烧产生的二氧化硫气体比空气轻，所以硫磺熏蒸应将硫磺粉放在巢脾的下方。用硫磺粉熏蒸时，应备一个有巢门档的空巢箱作为底箱，上面叠加5～6层继箱。为防硫磺燃烧时巢脾熔化失火，巢箱不放巢脾。第一层继箱仅排列6个巢脾，分置两侧，中央空出4框的位置。其上各层继箱分别各排放10张巢脾。除了巢门档外，蜂箱所有的缝隙都用裁成条状的报纸糊严。撬起巢门档，在薄瓦片上放上燃烧的火炭数小块，撒上硫磺粉后，从巢门档处塞进巢箱内，直到硫磺粉完全烧尽后，将余火取出。仔细观察箱内无火源后，再关闭巢门档并用报纸糊严。硫磺熏脾易发生火灾事故，切勿大意。二氧化硫气体具有强烈的刺激性、有毒，操作时应避免吸入。硫磺粉的用量，按每立方米容积50克计算，每个继箱约合2.5克。考虑到巢脾所处空间不可能绝对密封，实际用量可增加1倍左右。

蜜脾和粉脾除了用保存空脾的方法消毒之外，还要防止蜂蜜从巢房溢出及花粉发酵霉烂。因此，蜜脾应等蜂蜜成熟封盖后才能提出保存；花粉脾要待蜜蜂加工到粉房表面有光泽后再提出，同时在粉脾表面涂一层成熟蜂蜜，并用塑料薄膜袋包装，以防干涸。熏蒸保存的巢脾，使用前应取出通风，放置1昼夜，待

完全没有气味后方能使用。在养蜂生产中，常将熏蒸贮存后的巢脾用盐水浸泡 1～2 天，然后用摇蜜机摇出盐水，再用清水冲洗干净晾干后使用。

五、巢脾调整

不同的养蜂季节，蜂群中的蜜蜂数量和巢脾数量有一定的标准和比例，即蜂脾关系。一般来说，蜂脾关系有 3 种情况，即蜂多于脾、蜂脾相称和脾多于蜂。蜂多于脾就是每一个脾上的蜜蜂数量比一框蜂多 3 成以上；蜂略多于脾就是每张巢脾上的蜂比一框蜂多 1～2 成；蜂脾相称就是每张巢脾上的蜂量刚好是一框的量；如果一张脾上的蜂量不到一框蜂就是脾多于蜂。

正确处理好蜂脾关系，是养蜂生产过程中非常重要的问题，贯穿于全年养蜂生产过程之中，每个时期都要根据蜂群状况、天气、蜜源等因素科学合理地进行调整。

（一）蜂　路

蜂路是蜂群中巢脾与巢脾、隔板、箱底、箱壁等之间的距离。其中：脾与脾之间的距离为脾间距离，与副盖之间的距离为上蜂路，与箱底的距离为下蜂路，与蜂箱前、后距离分别为前蜂路和后蜂路。

蜂路是设计蜂箱的依据之一，也是蜜蜂在巢内通行的空间。有了蜂路蜜蜂才能通行无阻，利于巢内的各项活动，同时也加强巢内的空气流通。目前，西方蜜蜂蜂箱蜂路大小，脾间蜂路、前后蜂路和上蜂路均为 8 毫米，继箱的下蜂路为 5 毫米，低箱的下蜂路为 25 毫米左右。中蜂的脾间蜂路为 7 毫米，前后蜂路为 8 毫米；单箱体和双箱体继箱上蜂路为 8 毫米，双箱体底箱的上蜂路为 5 毫米；继箱的下蜂路为 5 毫米，底箱的下蜂路为 25 毫米左右。

（二）调脾原则

调整和运用好蜂脾关系，是养蜂生产管理中的一项重要工作。蜂群一年四季的管理都要涉及蜂与脾的关系，并根据实际情况随时进行调整；如何布置巢脾及放置巢脾数量多少，可以改变蜂群内部条件，对蜂群的繁殖、生产等都有重大的影响。

1. **蜂多于脾**　繁殖期或者温度较低时，要紧脾饲养，做到蜂多于脾，每脾都应保持蜂多于脾 2 成以上。一是利于蜂群保温，二是可以保证有足够的工蜂哺育幼虫；在冬季，应当将全部的空脾抽出，把大蜜脾放在蜂群的两侧，尽量保持蜂多于脾，以利于安全越冬。

2. **蜂脾相称**　晚春、初秋或者蜂群过渡阶段，应保持蜂脾相称。

3. **脾多于蜂**　在大流蜜期，群势比较强壮，温度也比较高，蜂群需要较多的空间储存粉蜜，应当适当地松脾，做到脾多于蜂。大流蜜期过后，要尽快地调整蜂脾关系，根据下一步工作需要和情况，抽脾或者保持现状。

4. **粉、蜜、子脾排列**　供蜂王产卵的空脾应放在繁殖区中间，一般来说放在卵和大幼虫脾的中间为宜，而粉蜜脾则放在蜂箱的外侧，巢础框应该放在卵虫脾与老子脾之间，封盖子脾放在靠近饲料脾的内侧。

5. **蜂路控制**　春秋繁殖季节，蜂路应该控制在 10～12 毫米；早春繁殖期，蜂路可调整到 7 毫米，但这种蜂路不能保持时间过久，以免影响蜂群正常发展；流蜜生产期气温高、蜂群强，蜂路过窄不利于蜜蜂通行，过宽也不利于蜜蜂在巢脾间爬行，应保持在 11～13 毫米；越冬期间，蜂路应该适当地放松一些，以 14～15 毫米为宜，这样有利于蜜蜂结团保温，最大也不能超过 16 毫米。

六、蜂群的移动

蜜蜂具有辨识本巢方位的能力，蜂箱一旦摆放好后，就不能轻易地改变位置，如果将蜂箱移动到其他位置，外出工蜂仍然会飞到蜂箱原来的位置处。因此，在需要改变蜂箱位置时，应采取适当的措施，使得蜂箱位置改变后工蜂能回到原来的蜂群。蜜蜂的近距移动主要有逐渐迁移、直接迁移和间接迁移 3 种方式。

（一）逐渐迁移

如果蜂场中需要对少数蜂群进行 20 米范围内的迁移，可以采取逐渐迁移的方法。前后移动时，每次可将蜂箱移动 1 米；上下左右移动时，每次都不能超过 0.5 米。移动蜂群最好在早上蜜蜂出巢前或者傍晚蜜蜂归巢后进行。每移动一次，都要等到蜜蜂对新位置熟悉后再进行下一次的移动。

（二）直接迁移

如果蜂箱迁移时需要绕开障碍物或者距离较远，不能采用逐渐迁移方法时，可在蜜蜂出巢之前将蜂箱直接迁移到新的位置。在迁移的时候需对巢门用薄纸或者青草等遮挡让蜜蜂能够重新认巢。同时，要在原来的位置放空蜂箱回收飞回原位置的蜜蜂，然后合并到邻近的蜂群。

（三）间接迁移

将需要移动的蜂群直接迁移到 5 千米以外的地方，过渡饲养一段时间后，直接迁移到新的场地，这种方法最好，但会增加成本。

（四）利用越冬迁移

蜂群进入越冬期后，蜜蜂将停止巢外活动，待越冬结束后，对本群的位置已经失去记忆，需要重新进行认巢活动，我们可以在此时进行蜂群移动，直接将其迁移到合适的位置。

七、盗蜂的识别及预防

盗蜂就是特定条件下由某些原因引起的到其他群盗取蜂蜜的工蜂。

蜜蜂的盗蜂行为会给蜂群的日常管理造成一定困难，严重的盗蜂行为可能导致全场蜂群崩溃，但是只要能弄清楚引起盗蜂的原因，并严加防范，盗蜂行为是完全可以预防和制止的。

（一）盗蜂的起因和辨别

蜜蜂是群居性昆虫，分工明确，勤奋是其固有的特性之一，一旦外界蜜粉源缺少，大量蜜蜂闲置起来，少数侦查蜂就会寻找新的蜜粉源。侦查蜂具有灵敏的嗅觉器官，在外界蜜源枯竭、找不到可以采集的蜜粉源时，蜂群中有储蜜的蜂群，由于某些原因被侦查蜂发现，便成为重点被盗和攻击的目标。在外界蜜粉源缺乏时，弱群、病群、无王群及交尾群，由于其防御能力差，极易遭到其他群的侵入和掠夺，成为被盗群。

1. 引起盗蜂的原因　引起盗蜂的因素很多，归纳起来主要有：①自身防御能力低下；②外界蜜粉源枯竭，无花可采；③饲料不足或外界缺乏蜜源时，开箱时间太长；④开箱或者饲喂时，蜜汁滴落在箱外；⑤蜂箱破旧缝隙宽，蜜香外溢；⑥巢门开得过大，蜜香引诱；⑦不同蜂种同场饲养，相互争夺蜂蜜等。

盗蜂初期发生在个别群，如果不及时防止、处理不当，很

快便会扩展到邻群，严重时会全场互盗，造成不必要的损失。盗蜂往往引起工蜂斗杀、蜂王被围、场内混乱、被盗蜂群飞逃，严重时会导致全场灭亡。盗蜂大部分是老年工蜂，身体发黑，行动诡异，围绕被盗群乱钻、乱飞、伺机侵入。

2. 盗蜂的识别　被盗群比较容易确认：在巢门口观察，进巢的蜜蜂行色匆匆，腹部小；出巢的蜜蜂腹部大，慌张飞逃。巢门口常有成对或者数个蜜蜂抱团厮杀，并有不少腹部勾起的伤残蜜蜂和死蜂。

作盗群的识别：有经验的养蜂人员通常在被盗群的巢门踏板上撒上面粉等，盗蜂在回巢时将面粉带回作盗群，仔细观察便会发现在没有撒面粉的蜂群巢门口有带面粉的蜜蜂回巢，便可以确定为作盗群。

盗蜂盗性成癖，一般出勤早、归巢晚，飞翔迅速，并且翅音尖锐。查看储蜜情况，在没有粉蜜进入的情况下，盗蜂群箱内储蜜不断增加。

在实际生产中，只有弄清楚作盗群和被盗群才能有计划、有目的地采取有效措施进行处理。

（二）盗蜂的预防

1. 规范饲养、科学管理　盗蜂应以预防为主，在平时的饲养管理过程中，严格按照蜂群管理规范进行操作，减少不必要的失误，消除一切可能引起盗蜂的因素。在外界蜜源缺少或者枯竭时，应注意留心观察，尽量减少蜂群检查；必须开箱检查时，需在蜜蜂出巢活动减少的早、晚进行，时间要短；饲喂蜜蜂必须在傍晚蜜蜂停止出巢活动后进行，严禁蜜汁滴落箱外，如有洒落，应立即用清水清洗或掩埋；补助饲喂时，应先饲喂强群，用强群的蜜脾再补助给弱群；破旧有大缝隙的蜂箱，应更换或者修整，填补缝隙；外界蜜源缺乏时，要缩小巢门，以不影响蜜蜂正

常活动为标准；严密保存粉蜜脾，减少对蜜蜂的引诱；保持蜂群强盛，合并无王群及防御能力低下的弱群；发现病群，及时治疗；中、西方蜜蜂分场饲养；保持巢内饲料充足，避免蜂群产生饥饿；人工分蜂易发生盗蜂，新分群应立即关闭巢门，放于僻静处，傍晚时打开巢门。

2. 选择、培育盗性差的蜂种　蜂群的盗性在种性上表现极其明显，因此，在日常管理过程中，应注意留心观察。培育蜂群时，应选择盗性弱的蜂群作为父母群进行选育，培育盗性差的蜂种。

（三）盗蜂的制止

一旦发现发生盗蜂，必须高度重视，及时采取有效措施进行制止，具体可参照以下方法：

轻微少量盗蜂：可以用草、树枝遮盖或改变巢门，同时加强邻近蜂群的管理和防范。缩小巢门，使巢门只能容许2～3只蜜蜂同时通行，并向巢门洒水，控制盗蜂活动量。

向被盗群巢门口喷洒煤油，放樟脑丸等有异味的物质，驱逐盗蜂；限制盗蜂群活动量或者改变群内结构或环境，可以抽出蜜脾、短时间提走蜂王、间断地关闭巢门等，来抑制其盗性。

将被盗群搬到阴凉处关闭巢门幽闭，原址放一空箱并安装幽闭巢门收集盗蜂，傍晚将其搬到5千米以外的地方饲养。少量盗蜂可杀死，因为盗蜂多为老蜂，利用价值不大。

在巢门口安装一根或几根内径6～10毫米、长50～80毫米的竹管或者塑料管，周围空隙用泥巴封严，本群蜜蜂可通过管道进出；或者安装盗蜂预防器，利于被盗群自卫，而盗群不易侵入。

如果发生意蜂盗中蜂，可用泥巴封严中蜂巢门，用直径不超过4.5毫米的细棒戳几个小孔，供中蜂通行，使意蜂无法进入。

缩小巢门，只允许2～3只蜜蜂通行，巢门上面用蚕丝半遮掩，防止外来蜂侵入。

交换作盗群和被盗群位置。

盗蜂严重，乃至全场发生互盗时，只有举场迁移到 5 千米以外有蜜源的新址进行饲养，等盗蜂解除，再迁回原址饲养。

八、人工育王

蜂群繁殖的快慢和产蜜量的高低，主要取决于蜂王的质量好坏。年轻健壮的蜂王，产卵力强，蜂群发展快，且能维持强群，工蜂采集力强，工作积极，不易产生分蜂热，产蜜量高。因此，在蜂群饲养过程中，应在繁殖期前，从高产、性能好的蜂群中培育优质蜂王，以便在蜂群快速发展时利用。在生产中，蜂群坚持每年换王，一般不保留 1 年以上的老蜂王。

（一）种群选择

种群包括父群和母群，父群是为人工育王提供种用雄蜂的蜂群。母群是为人工育王提供卵、小幼虫的蜂群。哺育群是为人工育王提供饲料、发育和生长环境的蜂群。

1. 父群选择　蜂群的品质和生产力高低，主要取决于其亲代，因此，选择父代时，要选择产量高、群势发展快、分蜂性弱、抗病力强、抗逆性强、性情温驯、形态特征比较一致、遗传相对稳定的蜂群作为父群。总之，一个蜂群不可能各项指标都符合要求，要有所侧重，如果所选蜂群各方面形状都差不多，应着重挑选采集力强、产量高的蜂群作为父群。

2. 母群选择　在育王的过程中，通常选择繁殖力强、能维持强群的蜂群作为母群。重量和体积大的卵培育的蜂王质量好。养蜂实践证明，处于产卵旺盛期的蜂王产的卵，由于产卵数量多，所以体积小，如果用来育王，其后代所表现的一些性状往往下降，如处女王的初生重、外部形态指标及卵巢管数都减少。卵

的重量对培育出的蜂王的质量有显著影响。

（1）**卵的大小和蜂王初生重关系**　蜂王在春季和秋天产卵数量相对较少时，卵的体积大，培育出来的蜂王初生重较大；蜂群在夏季繁殖期间，蜂王产卵多，体积小，重量轻，培育出的蜂王初生重就小。在同一育王群里，用大卵培育的蜂王重量比小卵培育的蜂王重。卵的大小和培育的蜂王初生重呈正相关关系。

（2）**蜂王初生重和蜂王卵巢管数关系**　不同品种的蜂王初生重有很大的差异，如意大利蜜蜂蜂王的初生重平均为228.12毫克，变化范围为176～297毫克；高加索蜂蜂王初生重平均为202毫克，变化范围为165～233毫克；卡尼鄂拉蜂蜂王初生重平均为196.5毫克，变化范围为142～251毫克。

同一品种蜂王的初生重虽然也有很大的差异，但是蜂王身体各部位的重量、头部和胸部差异很小，而腹部的重量差异较大。蜂王刚羽化出房时，卵巢管在生活初期处于不工作状态，主要是蜂王卵巢管数量引起的，所以蜂王的初生重直接反映卵巢管数的多少。蜂王初生重和卵巢管数的多少呈正相关。同时，说明初生重量重的蜂王卵巢管发育良好，是选择蜂王的一个重要指标。

（3）**蜂王初生重和产卵量关系**　试验表明，蜂王初生重和产卵量呈正相关；蜂王的初生重和蜂群中子脾的面积呈正相关；在同一品种中，有效产卵量和采集呈正相关。因此，母群的饲养管理要注重培育初生重大的蜂王。

（4）**初生重和交尾时间关系**　据塔兰诺夫所做的蜂王初生重和交尾产卵时间的试验证明，蜂王初生重越大，性成熟就越快，交尾时间就早，产卵也就越早。可见，母群的管理除了保证种性正常遗传给后代外，还必须采取相应的措施培育大卵繁育蜂王，提高蜂王的初生重。

3. **哺育群选择**　在培育蜂王时，除了选择群势强、健康无病的蜂群外，还应选择具有分蜂热或者有自然交替倾向的蜂群作为哺育群，这样的蜂群移虫接受率高，蜂王质量比较好。在整个育王期间保持蜂多于脾。此外，蜂群中还应有足够的蜜粉饲料，特别是粉要充足，满足哺育蜂王幼虫需要。最好采用母群做哺育群，能使其优良性状更好地遗传给下一代。组织好哺育群后，在巢内粉蜜充足的情况下，还应该进行奖励饲喂，特别要补喂花粉饲料，直到王台封盖为止。

（二）蜂群蜂王培育条件

在自然条件下蜂群只有在以下 3 种情况下才进行蜂王培育。

一是蜂群偶然失王后，群内失去蜂王物质，工蜂将会把小幼虫房改造成急造王台，进行蜂王培育。特点是王台数量多，少则十几个，多则数十个，没有具体的位置，这种情况下出现的急迫改造王台叫急造王台。

二是蜂王衰老或伤残，群内蜂王物质缺少，蜂群准备更替蜂王，工蜂会在巢脾下部或者两侧修造自然交替王台，促使蜂王在其中产卵培育蜂王。特点是王台数量少，一般 3～5 个，有一定的区域。这种情况下出现的王台就是自然交替王台。

三是蜂群发展到一定群势时，巢内哺育蜂过多，蜂王物质在蜂群中相对减少，巢内拥挤、闷热等情况下，工蜂便在巢脾的下部或者两侧修造王台，促使蜂王在其中产卵培育蜂王。特点是，数量多、在蜂群分蜂时出现、王台分布区域多数在巢脾的下部。这种情况下出现的王台就是自然王台，是蜂群发展过程中必然出现的现象，也是蜂群扩大种族的唯一方式。

（三）人工育王条件

要培育出优质蜂王只有在天气、蜜源、蜂群 3 个条件都适宜的情况下才可进行。另外，人工育王还必须具有育王需要的台基、卵或者幼虫、雄蜂等条件。

1. **天气**　人工育王要求天气晴暖，一般以气温不低于20℃为宜；巢内温度控制在32℃～35℃，空气相对湿度在75%～80%。

2. **蜜粉源**　良好的蜜粉源是蜜蜂生存和发展的物质基础，是人工育王必不可少的条件。只有在蜜源丰富的条件下，蜜蜂才会积极采集、哺育幼虫；储存充足的蜜粉饲料，才能为幼虫发育提供所需要的各种营养。一般来说，人工育王需要有30天左右的主要蜜粉源，或者有零星的蜜源分布。

3. **蜂群**　蜂群是培育蜂王的基础，群势强大的蜂群具有过剩的哺育力，幼虫能够得到充分的照顾，使其发育正常，才能培育出质量优良的蜂王。

4. **雄蜂**　在处女王外出交尾时，应保证有大量的雄蜂追逐婚飞，因此需提前培育健康的、已经性成熟的雄蜂；一般来说，需见到有雄蜂出现时，再着手进行培育蜂王。

5. **卵虫**　卵虫是培育蜂王的基础，选择卵时尽量选择优质蜂王产的卵，这种卵比较大，培育出的蜂王初生重大、体质好。选择幼虫时，尽量选择日龄较小的幼虫，一般选择1日龄的幼虫。

（四）育王时间选择

春暖花开、气候适宜、蜜蜂育王分群，秋高气爽、自然换王育子准备越冬，是蜜蜂形成的自然规律，为春末秋初进行人工育王提供了科学依据和良好时机。育王时，应根据蜂场蜂群的实际情况，制定好人工育王计划，并灵活掌握。

（五）育王前期准备工作

1. **育王工具**　人工育王工具主要有育王框、台基棒和移虫针等。

（1）**育王框**　是用于安装人工台基培育蜂王的框架，形似巢框，高度和宽度与巢框相同，厚度为13毫米，框内有2～3条台基条供安装台基，每条可安装10～15只人工台基。育王时，

在台基中移入小幼虫后，将育王框插入育王群培育。

（2）**台基棒** 用无异味、质地致密的木料旋制而成的模型棒，其顶端加工成十分光滑的半圆形，棒的小端直径为 8 毫米，距端部 10 毫米处的直径为 10 毫米。

（3）**移虫针** 是用来将工蜂巢房里的小幼虫移到人工台基里的工具。有鹅毛管移虫针、金属丝移虫针、弹簧移虫针等。

2. 准备小幼虫 在移虫育王工作中，有计划的准备蜂王幼虫非常重要。通过组织种用母群产卵不仅可以获得足够数量的幼虫，而且有控制地产卵可以提高卵的质量。在移虫前 10 天，将种用母群的蜂王用产卵器控制在大面积幼虫脾上，使蜂王无处产卵。在移虫前 4 天，选择一张正在羽化出房的老子脾或者浅棕色的空脾放到蜂王产卵控制器里面供蜂王产卵，第二天便可作为育王的小幼虫。

3. 台基蘸制 蜂王台基是培育蜂王的人工台基（一般不用塑料台基育王）。在制作台基前先把台基棒放在冷水中浸泡半小时左右，然后选用优质蜂蜡放入熔蜡锅内，锅内加少量洁净水，放在火炉上加热。待蜂蜡熔化后，停止加热，然后取出台基棒，甩掉上面的水，将台基棒垂直插入蜡液里面 10 毫米深处，取出再次浸入，一次比一次浅，反复 2～3 次，然后放入冷水中冷却，台基棒上形成的蜡杯就是人工台基，然后用手抓住台基，轻轻旋转台基棒，使台基从台基棒上脱离，制成的台基壁薄底厚、里面光滑无气泡。

4. 台基固定 台基做好后，要将其装在台基条上。首先将台基的一面涂上 1.5 毫米左右厚的蜡，然后将台基套在小于台基的木棒上，在台基上蘸少量蜡液，使其粘到台基条上。安装好后，轻轻地抖动，检查是否粘牢固；如果没有重新粘好，直到牢固为止。

5. 台基清理 将装好台基的育王框放入蜂群让工蜂清理

2～3 小时，待台基被工蜂加工成口略收的近似自然王台时，即可取出移虫育王。

6. 雄蜂培育

（1）**培育条件**　培育雄蜂需要强壮的父群、优质的雄蜂巢脾、充足的蜜粉饲料、适宜的温度和科学的饲养管理技术等条件。

（2）**培育时间**　培育雄蜂的时间要根据育王计划确定。一般情况下，在移虫育王前 20 天左右加雄蜂脾开始培育雄蜂，雄蜂从卵到出房需要 24 天，从出房到性成熟需要 12 天左右，即从卵到性成熟需要 36 天左右。蜂王从卵到羽化出房需要 12 天左右，从出房到性成熟需要 5～7 天，即从移虫到性成熟只需 17～19天。因此，在移虫培育蜂王前 20 天左右就要培育雄蜂。

（3）**培育数量**　培育雄蜂数量要根据育王数来确定，在正常情况下，一只蜂王在婚飞过程中需要和 8～10 只雄蜂交尾。春、夏季培育雄蜂按照 80∶1 的比例进行培育，也就是每只蜂王要计划培育 80 只雄蜂，因为通常培育出的雄蜂性成熟率只能达到 70%～80%。秋季培育的雄蜂性成熟率更低，只有 50% 左右，所以在秋季要按照 100∶1 进行培育雄蜂，保证处女王正常交尾和充分受精。

（六）育王方法

人工育王主要分移虫育王和移卵育王，养蜂生产中主要以移虫育王为主。

1. 移虫育王

（1）**一次移虫育王法**　一次移虫育王是将育王框放在蜂群中清理后，直接往台基里面移入种用幼虫进行蜂王培育，为了提高接受率，在移虫前应往台基里面点少量蜂王浆，然后再把小幼虫移到台基里面，最后将育王框放入育王区进行培育。

（2）**复式移虫育王法**　复式移虫就是通过两次移虫操作培育蜂王。第一次将普通小幼虫移入王台内，放入哺育群经过12～20小时后，将这些小幼虫从台基中取出，然后再将种用蜂群中的小幼虫移到台基中进行培育。蜜蜂对复式移虫的接受率比较高，复式移虫的王台较大，蜂王羽化出房时王台里面剩余王浆较多。在复式移虫时，第一次移虫的虫龄要小，第二次移虫与第一次时间间隔要短，一般傍晚进行第一次移虫，次日上午进行复式移虫。

（3）**移虫操作**　移虫工作应选择气温在25℃以上、天气晴朗、空气相对湿度在75%左右、光线充足的室内进行。如果外界气温在25℃以上，天气晴朗、无风、蜜源较好、没有盗蜂的情况下，也可以在室外进行。

移虫前，首先从母群中提出预先准备好的幼虫脾，不要直接抖蜂，防止虫脾震动使幼虫移位，影响正常移虫，应用蜂刷将蜜蜂轻轻刷去，将育王框和幼虫脾拿到移虫的地方，然后用移虫针进行移虫。将移虫针从幼虫背侧插入巢房底部，接着提起移虫针，使幼虫被移虫针粘起来。移虫针放到台基中，针尖到台基底部中央时，用手轻轻推动移虫针的推杆，把幼虫移到台基里面。如果一次不能粘起来的幼虫，最好不要再粘第二次，避免幼虫被挫伤，以提高成活率。虫体日龄尽量一致，并且要适龄。移完虫后，应迅速将育王框放入哺育群，以免影响幼虫正常发育。

复式移虫法：是将育王框从哺育群中提出，用镊子轻轻地将台基中的幼虫夹出，一定要仔细检查，要将第一次移的幼虫全部取出，然后重新将种用幼虫移入台基原位置上，迅速放入哺育群继续培育。

（七）哺育群管理

哺育群组织好以后，在巢内饲料充足的条件下，每晚进行

奖励饲喂，使哺育群子脾外围充满饲料，在外界蜜粉源丰富时，重点饲喂花粉饲料。坚持奖励饲喂直到王台封盖为止。连续培育蜂王的哺育群，待王台全部封盖后，可将育王框取出，放入其他无王蜂群去保存，或者在组织好交尾群的同时诱入交尾群。哺育蜂群要每5天进行子脾调整1次，并除去自然王台。

九、王台、处女王诱入

（一）王台诱入

蜂王即将出房的前1～2天，将王台诱入到交尾群中。诱入王台有两种方法，一种是将王台底部压入蜂巢内中间巢脾的中、上端即可，注意要使封盖口朝下；另一种是将王台放入到王台诱入器中，插在巢脾上，以防止被工蜂咬掉。

（二）处女王诱入

1. 低温诱入　在清晨温度较低、蜜蜂还没有出巢活动时，蜂群比较安静，将处女王从蜂群中取出，在群外放置10～20分钟后，处女王在较低温度下行动变慢，这时再将处女王放到交尾群的蜂路里或者直接从巢门口放入。用此方法比较适合诱入刚出房或者日龄比较小的处女王。

2. 喷蜜水诱入　将处女王用稀蜜水浸湿，然后将处女王放在无王交尾群的巢框上，关上巢门，将交尾群放在暗室3～4天，再将交尾群摆放到交尾场，打开巢门，此法适合于新组织的没有子脾的交尾群。

3. 纱笼或王笼诱入　将处女王放到铁纱笼中，再将纱笼放到交尾群中，24小时后，打开纱笼放出蜂王，此法适合于每个交尾群。

（三）交尾群组织和管理

1. 组织　交尾群的组织应根据不同的交尾箱进行组织，但操作基本一致。王台封盖5～6天后，从原群中抽出即将出房的老蛹脾和粉蜜脾放到空箱中，并按照每张蛹脾抖1～2框蜂，打开巢门放走外勤蜂，待脾上只剩下内勤蜂时，每个交尾群分配一张爬满内勤蜂的蛹脾和一张粉蜜脾组成交尾群，24小时后给交尾群诱入王台或者处女王。

组织交尾群的当天晚上或者第二天早上应检查1次，蜜蜂数量以能护过脾为原则，不足的可从原群中补充。交尾群的蜜粉必须充足，无蜜时可饲喂糖液，或者从原群中提出蜜脾放入交尾群。

2. 管　理

（1）摆放　交尾群的摆放位置与蜂王交尾是否成功有很大的关系，不能按照一般蜂群的排列方式进行。交尾群要摆放在蜂场比较空旷的地方，摆成不同的形状，巢门口设置不同的标志物，以免交尾后的蜂王误入他群被杀死。交尾群也可以利用自然环境，如山形、地势、房屋、树木等特征进行摆放，或者设置明显的标志物如石头、土堆、木堆等；交尾箱可以涂上不同的颜色，如黄、蓝、白色等，以利于处女蜂交尾后认巢和归巢。此外，还应该注意调整巢门大小，严防盗蜂和敌害，保证处女王安全交尾。

（2）检查　检查交尾群需在早晚处女王不外出飞行的时间进行，不要在试飞或者交尾时间内检查。发现处女王残疾应及时淘汰；失王的交尾群及时诱入王台或者处女王。在天气良好的条件下，出房15日不产卵的蜂王应淘汰。发现交尾群缺饲料时，应从原群调入蜜脾，不宜用糖液饲喂，以防发生盗蜂；迫不得已时，可在晚上饲喂适量的糖饲料。

（四）蜂王提用

处女王交尾成功后，待产卵 8 日左右，即可根据需要提走蜂王，介绍到其他无王群进行饲养，或者将优质蜂王保存留作种用蜂王。

十、人工分蜂

人工分蜂又称人工分群，是增加蜂群数量，扩大生产的基本方法。人工分蜂是用培育好的产卵蜂王、成熟王台或者储备蜂王以及一部分带蜂子脾和蜜脾组成新蜂群的一种方法。人工分蜂能按计划、在最适宜的时期繁殖培育新蜂群。个别蜂群发生分蜂热时，可以及时采取人工分蜂的方法把蜂群分开，制止蜂群发生自然分蜂，避免收捕的麻烦和分蜂群飞逃的损失。

如果不考虑蜂场的设备条件、蜂场周边的蜜源情况，无计划地进行人工分蜂，必然导致全场蜂群成为弱群，没有生产能力，养蜂生产必须避免这种情况发生。人工分蜂主要有以下几种方法：

（一）均等分蜂

均等分蜂是把一群蜂平均分为两群，在离当地主要蜜源植物流蜜期 45 天以上时，可以采用这种方法，两群都能在大流蜜期到来时发展强壮。做法是：把原群蜂箱向一旁移出 30～40 厘米，另在对面 30～40 厘米处放一空蜂箱，把蜂群里的一半蜜蜂和巢脾连同蜂王放入空箱内，整理好两箱的蜂巢。经过半天左右，给无王群诱入 1 只产卵王。飞翔蜂返巢时，会分别飞入这两箱内。如果其中一箱飞入的蜜蜂较少，可将它向原址移近些。均等分蜂的缺点是使 1 个强群突然变成了 2 个弱群，它们需要经过

1个多月的增殖才能投入生产。对于分出的新群不宜诱入王台，因为新蜂王要经过10余天才能产卵，这样就不能充分利用新分群的哺育力，影响蜂群的发展。如果新蜂王婚飞时丢失，则损失更大。

（二）不均等分蜂

不均等分蜂是从一群蜜蜂中分出一部分蜜蜂和子脾，分成一强一弱两群。此法适用于发生分蜂热的蜂群。可从发生分蜂热的蜂群提出2～3框封盖子脾1框蜜粉脾，连同老蜂王，放入一新蜂箱，放置在离原群较远的地方。巢门用青草轻轻地堵上，让蜜蜂慢慢咬开。检查原群，选留1个质量好的王台，其余王台全部割除，或者诱入人工培育的王台或产卵王。如果离大流蜜期时间较长，可用封盖子脾把分出群逐步补强；否则，以后只能将分群与原群合并，才能进行采集。

（三）混合分蜂

是从几个蜂群中各提出一两框带幼蜂的封盖子脾，根据情况混合组成3～6框的分蜂群。次日给分蜂群诱入产卵蜂王或者成熟王台。亦可在春末夏初，当蜂群发展到10框蜂6～8框子脾时，每隔6～7日从这样的蜂群提出1框带蜂封盖子脾，混合组成新分群。距大流蜜期15日左右，停止从10框群提脾，以便它们在大流蜜期开始时，能发展成15～18框蜂的强群。

（四）补强交尾群

交尾群的新蜂王产卵以后，可以每隔一周用从强群提出一框封盖子脾放入交尾群，起初补带幼蜂的封盖子脾，以后补不带蜂的封盖子脾，逐步把它补成具有6框蜂以上、能迅速发展的蜂群。

（五）蜂群的快速繁殖

蜂群的快速繁殖就是采取大量分蜂的方法，将一群越冬群快速繁育成 5～6 群蜂的一种方法。有的新建蜂场，为了迅速增加蜂群数量，也可采取快速繁殖蜂群的方法。具体做法如下：

将全场蜂群分为 3 群一组，其中一群为繁殖群用来分蜂，另两群为补助群。春季，蜂群发展到有 9～10 框蜂、6～8 框子脾时，开始用补助群的封盖子脾补助繁殖群。从每一补助群提出 1 框封盖子脾，放入一空蜂箱内，盖好箱盖，缩小巢门。经过 2 小时左右，大部飞翔蜂已飞回本群，此时把 2 框带幼虫的封盖子脾分别加入繁殖群的两外侧，或者继箱内的一侧。次日，再把这 2 个封盖子脾移到蜜脾旁，与其他子脾靠拢。过 6～8 日再用 2 个补助群的两框不带蜂封盖子脾补给繁殖群。经过 2 次补助，繁殖群得到 2 000～2 500 只蜂和 4 框封盖子脾，迅速发展强壮，积累起过剩的哺育蜂，促使它们发生分蜂热，造王台，同时也可开始人工育王。每次从补助群提出封盖子脾时，同时给它们补充空脾或者巢础框。在繁殖群内出现有卵的王台时，把它的蜂王用安全诱入器扣在没有王台的子脾上，放入一新蜂箱内；从补助群提来一框带蜂子脾，一框不带蜂子脾，加入此新蜂箱；另补加 1～2 个蜜脾，再把它搬到新地址，妥善保温，缩小巢门，饲喂稀蜜汁；3 日后释放蜂王，以后逐步扩大蜂巢。

将繁殖群的蜂王提出以后，经过 1 周所造的王台已经封盖，这时在它两侧放 2 个新蜂箱，将蜜蜂、子脾和蜜粉脾平均分配给这 3 箱。如储蜜不足，则补加蜜脾。每箱只留 1 个王台，其余的全部割除。然后，把旧箱搬放到一个新地址，使飞翔蜂平均分配到留下的 2 个新箱内。分蜂群的新蜂王产卵后，补加空脾或巢础框扩大蜂巢。

3 次从补助群提出蜜蜂和子脾以后，及时扩大其蜂巢，把它

们培养强壮，投入生产。这样，在第一次人工分蜂后，使蜂群增加了 1 倍，由 3 群分成 2 个强群和 4 箱弱群。

分蜂群发展满 10 框标准箱时，再按上述方法，把它的蜂王和 1 框子脾提出来，再由补助群提来 1 框带蜂封盖子脾，1 框不带蜂封盖子脾，组成 1 个分群，放在一个新地点。按均等分蜂法，把已提出蜂王的无王群平均分成 2 箱。在以后 6 日内，逐渐把 2 箱移开，每天移开 25 厘米。

第二次分蜂后的第 6 日，再把每个半群平均分开。在这个新分群中，给每一分群保留 1 只王台，其余的全部割除。任何一个分群的蜂王在婚飞时损失了，就将它与邻群合并。

（六）分蜂群的管理

新分群的群势一般都比较弱，它们调节巢温，哺育蜂子，采集蜜粉和保卫蜂巢的能力比较差。因此，天冷时要注意保温，天热时要遮阴，缺乏蜜源时，巢内要保持充足的饲料，并且缩小巢门，注意防止盗蜂。根据蜂群的发展和蜜源条件，添加巢脾或巢础框扩大蜂巢，补加蜜粉脾或者进行奖励饲喂。

大量人工分蜂，最好在距离原场 5 千米以外的地方建立分场，可以避免分出群的蜜蜂飞返原巢和发生盗蜂。

十一、蜂群合并

蜂群的合并就是把两群或多群蜜蜂合并组成一个蜂群。强壮蜂群是获得蜂产品高产的前提，而且管理方便。弱群不但没有生产能力，还容易发生盗蜂或感染病虫害。所以，群势过弱、没有生存和生产能力的蜂群、丧失了蜂王或蜂王残伤又没有储备蜂王可以更换的蜂群，都需要及时合并。

每个蜂群都有其特殊的气味，称为群味。群味是由蜂群的

各个成员（蜂王、工蜂、雄蜂）的信息素和各种成分（巢脾、蜂蜜、花粉）等的气味混合形成的。蜜蜂具有灵敏的嗅觉，能够辨别本群的蜜蜂和其他群的成员。如果随意把不同群的蜜蜂合并，就会引起互相斗杀。

（一）合并原则

原则上应将弱群合并入强群，无王群合并入有王群。如果两个有王群合并，则在前1天先捉去1只质量差的蜂王。如果被并群的群势较强，可把它分成2～3组，分别合并到其他蜂群。为减少被并群的蜜蜂返回原巢址，最好将它与相邻的蜂群合并。合并蜂群前，应仔细检查被并的无王群，确保被并蜂群无蜂王和无王台。合并蜂群宜在傍晚进行，这时蜜蜂大部已经归巢，而且没有盗蜂袭扰，便于操作。为了保证蜂王的安全，可用脾笼（安全诱入器）或王笼把蜂王关入，在蜂群内临时保护起来，合并成功后再将蜂王放出。失王时间过长、老蜂多、子脾少的蜂群，要先补充1～2框未封盖子脾后再合并，或者把它分散与几个蜂群合并。

（二）合并方法

1. **直接合并**　这种方法适用于主要蜜源植物流蜜的大流蜜期，此时，各个蜂群都采集同样的蜜源，浓烈的蜜味使各群群味基本相同；同时，蜜源丰富，蜜蜂放松了警惕，容易合并。早春，刚搬出越冬室的蜂群也容易合并。具体方法是：把有王群的巢脾连蜜蜂调整到箱内一侧，将被并群的巢脾连同蜜蜂放入另一侧，两部分巢脾间隔一框的距离，或者中间插上隔板隔开。合并蜂群时，可向箱内喷一些烟，或者喷少许白酒，混淆两者的群味。亦可向两群喷洒蜜水，其中加点香精更好。翌日，把两群的巢脾靠拢，多余的巢脾抖落蜜蜂后提出，盖好箱盖即可。

2. **间接合并**　使两群蜜蜂逐渐接触，或者群味混合后再并到

一起。间接合并安全可靠。做法是：傍晚，取下合并群的箱盖和副盖、覆布，铺上一张扎有许多小孔的纸张，上放空继箱，把被并群的巢脾连同蜜蜂放入继箱内，盖好箱盖。待蜜蜂把纸张咬穿，两群就自然合并了，然后整理蜂巢，抽出多余巢脾。亦可在巢箱和继箱间加一个铁纱盖，经过2～3日，两群群味混合后，撤去铁纱盖，将蜂群合并。炎热天气，继箱里的被并群要注意通风。

（三）注意事项

第一，若两个相距较远的蜂群合并，应在合并之前，采用渐移法使箱位靠近；如果合并的两个蜂群均有蜂王存在，则保留其中品质较好的蜂王，在合并前1～2天去除另一只蜂王。

第二，在蜂群合并的前半天，还应彻底检查、毁弃无王群中的改造王台；在缺蜜季节合并的蜂群都要有饲料。

第三，中蜂合并常常会发生围王现象，为了保证蜂群合并时蜂王的安全，应先将留用蜂王暂时关入蜂王诱入器内保护起来，待蜂群合并成功后再释放。

第四，合并蜂群时要防止盗蜂。

第五章
林下养蜂不同时期的管理

　　蜂群随着季节、气候的变化，周年生活呈现出不同的时期和阶段。主要分为早春繁殖期、流蜜期、分蜂期、度夏期、秋季繁殖期、越冬期几个时期。由于我国地域辽阔，南北方气温差距很大，植物的开花泌蜜时间也不同，同一时期饲养管理方法也不尽相同。但我国大部分地区，蜂群的停卵阶段在冬季，春季是恢复产卵、发展、分蜂和生产阶段，而南方，炎热的夏季也有停卵阶段，秋季则是恢复和发展阶段。养蜂主要目的是生产更多的蜂产品，因此应尽量抓好蜂群群势的恢复和快速发展，提早分群，及时培养强群，以满足生产阶段利用强群夺取高产的需要。所以，蜜蜂的不同时期饲养管理，应因时、因地制宜，灵活运用。

一、早春繁殖期管理技术

　　蜂群的早春繁殖期管理是指蜂王恢复产卵、蜂群逐渐发展壮大到主要采蜜期前一段时间的饲养管理。春天气候转暖，蜜源植物逐渐开花流蜜，是蜂群繁殖的主要季节，只有抓住时机，才能保证蜂群越冬后能尽快地恢复发展，迅速成为强群，有利于充

分利用蜜源。春季对蜂群管理的好坏直接决定着全年蜂蜜的产量和质量，在这个阶段，要根据不同的气温、蜜源、蜂群强弱等条件，做好早春繁殖期的管理工作。

春季蜂群饲养管理的目的是创造蜂群繁殖的有利条件，充分发挥越冬蜂的哺育能力，尽快繁殖出第一代新蜂，加速蜂群的扩繁速度，尽快把越冬蜂群发展壮大，争取在当地第一个主要蜜源流蜜之前把蜂群培养成强群，提早让蜂群投入蜂产品生产。为了保证蜂群的迅速更新和发展，在饲养管理方面应做好以下工作。

（一）春繁前的准备

1. **繁殖用的空脾、粉脾、蜜脾进行全面消毒**　将需要消毒的空脾、花粉脾、蜜脾分别装在空继箱内，每个继箱装 9 张脾，5 个继箱摞成一组，最下面放一个去掉纱窗的空巢箱，摞好后用泥巴将箱缝糊严（也可用塑料薄膜袋从顶向下套严实）。取一个小碗，倒入 40% 甲醛溶液 5 毫升，加入 10 毫升水，再加入 10 克高锰酸钾立即从巢箱的纱窗口送入巢箱底下，迅速关严纱窗口，也用泥巴糊严缝隙，密闭熏蒸 24 小时，即可基本杀灭巢脾上的细菌。空巢脾也可用 1% 漂白粉混悬液浸泡 24 小时消毒，取出后用摇蜜机甩净消毒液，再用清水漂洗两遍，甩干水，晾干即可用。如没有漂白粉，也可用 0.1% 高锰酸钾水溶液浸泡。

2. **准备保温物**　保温物主要有稻草、麦秸、树叶等，将保温物放在阳光下暴晒消毒。

3. **制作花粉脾**　每群蜂不少于 2 张。准备 1 个大案板，撒一层花粉，用喷雾器喷一次水，以水不流为准，直到花粉够用为止。然后堆在一起，静置大约 10 分钟，来回翻动，每 1000 克花粉再加入 300 克白糖，拌匀，即可用来灌花粉脾。取一张脾面大小的硬纸，剪去两上角，做成半圆状，放在巢脾上；想要多灌花粉，硬纸往下拉；少灌花粉，硬纸往上送。灌 1 张脾大约需要

0.3 千克花粉，根据蜂群数量灌制花粉脾，花粉灌好一面后，用糖水调制的稀状花粉糊封口，然后再灌另一面。

4. 准备蜜脾 每群蜂准备 1～2 张经消毒的大蜜脾。

5. 蜂箱、隔板、空巢框、隔王板消毒 最简便的消毒方法是烧一堆炭火，将空蜂箱、空巢框、隔板等不怕烫烧的用具架在炭火上烤 3～5 分钟。也可用煤油喷灯点上火，对这些用具喷火灼烤，直到表面微黄为止，以达到消毒的目的。

6. 空巢框、塑料饲喂器、覆布、蜂扫、起刮刀等消毒 找一大口锅，烧一锅沸水，将这些用具搁入锅内烫煮 3～5 分钟，拿出漂过清水晾干即可。

（二）蜂群摆放

选择春繁场地时要有较早开花的粉源，如蚕豆、榆树、柳树、桃树、油菜等。放置蜂群场所的小气候要温暖、高燥、向阳、避风、排水良好。蜂箱前面应该宽敞，有利于蜜蜂飞翔。场地应环境幽静，人、畜稀少。水泥晒场、石子地和高压线下不能放蜂；晚上有灯光照射的地方也不宜放蜂。巢门一般向东、南或东南方向，避免北风、西北风直吹巢门。意蜂箱可摆成一条直线，蜂箱间尽量靠近，只要便于检查蜂群就行，有利于保温工作。而中蜂群的蜂箱则应尽量拉大距离，分散零星摆放，也可放在不同高度的地方，有利于防止盗蜂。

（三）放蜂场地的消毒

将场地上的杂草铲除干净，清扫蜂场，将死蜂、垃圾等焚烧；场地清理干净后，再在摆放蜂群的地方撒上一层薄薄的石灰粉或用 50% 漂白粉乳液喷洒 2 遍，但应隔天喷 1 次。

（四）室内越冬蜂群的出窖

北方蜂群选择外界气温 8℃以上，晴暖无风的天气出窖。越冬状况良好的蜂群可以晚出窖；越冬状况不好的蜂群，尽量早出窖，让蜜蜂排泄，以免造成损失。搬移蜂群要轻稳。蜂群出窖后先打开巢门，掏出死蜂，使蜜蜂排泄飞行；出窖应在上午 9～10 时前完成，以免午后气温变冷，影响蜜蜂排泄飞行。

（五）观察出巢表现

越冬后的蜜蜂，在早春暖和的晴天会出巢排泄腹中积粪，在蜂箱和蜂场上空绕飞，这时要乘机仔细观察蜜蜂飞翔的情况。越冬顺利的蜂群，飞翔特别有劲；蜂群越强，飞出的蜜蜂越多。如果蜜蜂出现一些不正常的现象，如肚子膨大、肿胀，趴在巢门前排粪，表明越冬饲料不良或受潮湿的影响；有的蜂群，出箱迟缓，飞翔蜂少，而且飞得无精打采，表明群势弱，蜂数较少；个别蜂群出现工蜂在巢门前乱爬，秩序混乱，像是寻找什么似的，如果将耳朵贴近箱侧，可听见箱内蜜蜂的混乱声，说明已经失王；如果从巢门拖出大量蜡屑，有受鼠害之疑。

发现上述异常现象，将蜂群做上记号和记录，等蜂群大规模的飞翔活动结束后，立即将不正常的蜂群开箱检查，针对问题及时补救。

（六）越冬蜂群的快速检查

在气温达到 13℃以上无风的晴天中午，快速进行蜂群检查，查明越冬蜂群的群势（强、中、弱）、储存饲料情况（多、够、少、缺）、蜂王在否、箱内环境（湿度、温度）及有无病害等情况。

检查时动作要轻、稳、快，避免冻死蜜蜂和震落蜂王，检

查结果做好记录，并在蜂箱上做好记号，随后再针对情况予以急救。

在检查中需调整蜂路，取出多余的巢脾，达到蜂脾相称；对越冬后的失王群或弱群，要及时并群，提出箱内空巢脾，缩小巢框蜂路。

（七）处理异常群

处理越冬异常蜂群应兼顾全场蜂群群势和蜂王情况，并针对异常蜂群特点进行。

1. **下痢群**　蜂要多于脾，以备死去一部分蜂后能维持蜂脾相称，正常繁殖。

2. **无王群**　在蜜蜂未大量活动前直接诱入蜂王，或者并入有王群，已排泄的蜂群要间接诱入蜂王或合并。

3. **饥饿群**　马上补充蜜脾，或在傍晚补喂饲料。

4. **调整群势**　若全场群势在3～5框，可采用抽取强群巢脾，将弱群补至2～3框；若群势普遍在2～3框，将部分优质蜂王的弱群作为储备王群，其余全部合并，使全场群势不低于2.5～3框。进入春繁前夕是调整群势的最佳时机，调整工作应在奖励饲喂之前、蜜蜂尚未进行认巢飞翔时进行；对群势较弱且强弱相差很悬殊的必须进行调整。

（八）换箱或清理箱底

在良好的越冬条件下，死蜂不多，一般不过几十只。如果越冬不顺利，箱底会堆积很多发霉的死蜂，产生恶臭，极易发生传染病害。检查后，如有已消毒的蜂箱，应进行全场换箱，如备用蜂箱不多应立即清理箱底，收拾蜂尸、残蜡，让蜂群在清洁的环境中进入繁殖期。也可采取轮流换箱的办法，将全场蜂箱进行清扫和消毒。

（九）促使蜂群飞翔排泄

正常越冬蜂群，应在当地蜜源出现前 20～30 天进行排泄，越冬下痢蜂群的排泄时间越早越好，以减少损失。室内越冬的蜂群，选择无风晴暖天气，上午 10 时以前把蜂群搬到排泄场地，2 箱 1 组，各组左右距离 1～2 米，前后交叉排列距离 2～3 米，以防蜜蜂偏集。在气温 10℃以上、晴暖无风的天气，取下箱外的保温物及箱盖，晒暖蜂巢，促使蜜蜂出巢飞翔，以排除越冬期间集聚在肠内的粪便，恢复其正常的代谢功能，延长寿命。为了提高排泄效果，应提前在场地北侧设防风挡，保持地面干燥，改善场地小气候。

如果天气正常，室内越冬蜂群不必再搬到室内，第二天可再次进行排泄。室外越冬蜂群要扩大巢门，减少蜂箱上的保温物，箱前遮阴，控制空飞；室内越冬蜂群加大通风，保持黑暗，低温保存待开繁日到来再次出室。

（十）箱外观察

在大量蜜蜂飞翔时进行箱外观察，要特别注意在越冬期出现过异常的越冬蜂群。工蜂行动迟缓，腹部较大，爬出巢门后便将稀粪便排在箱前或巢门踏板上，说明蜂群已患痢疾；出巢蜜蜂寥寥无几，有气无力，是饥饿表现；工蜂秩序混乱，情绪暴躁，在箱外乱爬，慌乱不安，可确定为失王；巢门处有被清除出来的蜜蜂碎尸，说明遭受鼠害；蜂体绒毛鲜艳，腹部较小，飞行敏捷，排泄物黄色且成条状，是蜂群越冬效果好的表现。排泄飞行后合并无王群，缺蜜群补充蜜脾，处理完出现问题的蜂群后要全面检查。主要看饲料，从箱后掀起覆布，看到巢脾上方有白色封盖蜡就不必担心饲料短缺，见不到蜡盖的蜂群应开箱提脾检查，若存蜜不足应提出空脾调入储备的蜜脾。

（十一）防治蜂螨

蜂王产卵后9天，就会出现封盖子，治螨工作必须在子脾封盖前结束。由于这是一年中最早的一次治螨，其作用巨大，这时1只螨4个月后可繁育出几百只螨。早春没有封盖幼虫，一定要彻底治蜂螨；若蜂王逃出王笼，巢脾上如有封盖子，必须用割蜜刀割开封盖，去除蜂蛹。西蜂应采用3种不同的水剂药物治螨，隔天轮换喷洒治螨3次。治螨前1天一定要适当饲喂糖浆，其作用有三：一是工蜂食用糖浆兴奋，可提高巢温，使半蛰伏的越冬蜂群转变为活动状态，蜂团散开，工蜂蜂体扩张，这可减少喷（药）雾的死角，提高治螨效果；二是工蜂吃饱糖浆后提高抗药能力，降低螨药对蜂群的危害程度；三是同时起到促使蜂群出巢飞翔排泄的作用，不用专门为蜂群安排排泄时间。需要注意的是：治螨应在气温8℃以上无风的晴天进行，饲喂的糖浆量要足，才能获得预期的效果。

（十二）放　王

春繁开始，全场再调整一次蜂群群势，将每群蜂的群势调整为4脾以上，2～3脾的蜂群组织双王同箱繁殖，每群蜂只放4张巢脾，即1张蜜粉脾、1张半蜜脾、2张产卵脾。调整以后，将蜂王从王笼中放出。

（十三）加强保温

蜜蜂育儿需要保持34℃～35℃的巢温，而早春繁殖期间外界气温比蜜蜂幼虫所需要的温度低得多，有时还会遭受寒流的侵袭，对蜜蜂的繁殖非常不利；低温还会导致饲料消耗量加大，蜜蜂寿命缩短。要使蜂群快速繁殖，必须采取保温措施，具体应做到下列几点。

1. **密集群势** 早春繁殖应保持蜂脾相称，保证蜂巢中心温度达到34.5℃，蜂王才会产卵，蜂儿才能正常发育。应尽量抽出多余空脾，使蜂数密集，使每张巢脾布满蜜蜂，并将蜂路缩小到8毫米。随着蜂群的发展壮大、气温升高，逐渐加入巢脾，供蜂王产卵，一定要保持蜂多于脾或蜂脾相称。

2. **双群同箱** 群势中等以下的弱群，最好采取双王群繁殖，即两群合养在一个巢箱内，中间用闸板隔开，变成两个繁殖区域，分别在两边开设巢门出入口。这样可以相互取暖，在闸板的两侧形成最大的卵圈，两群卵圈形成统一的整体，由于保温好，可加快繁殖速度。

3. **蜂巢分区** 在蜂巢里，蜂王产卵、蜂儿发育需在35℃的条件下进行，称为"暖区"。而贮存饲料和工蜂栖息区域，温度条件要求并不太高，称为"冷区"。早春，把子脾限制在蜂巢中心的几个巢脾内，便于蜂王产卵和蜂儿发育。边脾供幼蜂栖息和贮存饲料，也可起到保温作用。

4. **预防潮湿** 潮湿的箱体或保温物容易导热，不利保温。因此，早春场地应选择在高燥、向阳的地方。当气温较高的晴天，应晒箱，并翻晒保温物。

5. **调节蜂路和巢门** 气温较低时，应缩小蜂路和巢门。寒冷的夜间，可关闭巢门。

6. **将箱内的空隙填满保温物，并及时换晒，提高和保持巢内温度** 箱缝和纱窗用纸或泥糊严，防止冷空气侵入。蜂箱外侧和箱底塞上干草，箱上盖草苫，再蒙上塑料薄膜，但晴好天气必须掀开塑料布，不宜过频开箱检查，以防热量散失。

7. **慎撤包装** 随着蜂群的壮大，气温逐渐升高，应逐渐撤除包装和保温物。先撤强群，后撤弱群，先撤上面，后撤四周和箱底。箱内的保温物应随着巢门的扩大逐渐撤去。

（十四）补　饲

早春，蜂群开始育虫，饲料消耗加倍，蜂群容易缺乏饲料，加之外界尚无蜜、粉源，补充饲料尤其重要。

若蜂群饲料不足，可以按 2 份糖 1 份水的比例熬制糖浆，在晴暖无风的傍晚饲喂。饲喂时，要把蜜或白糖按比例加水烧开，待温热时，注入空巢脾内或放入饲喂器里，再将注糖的巢脾或饲喂器放入箱内蜂脾外侧。如果是用饲喂器饲喂，需在饲喂器里面放几根轻浮的干草或秸秆，以便蜜蜂爬在草秆上面取食糖水，防止其掉入糖液中淹死。每群蜜蜂每次饲喂糖浆 300～400 克，从紧脾开始不间断饲喂，直至蜜蜂可以从外界采进大量花蜜时为止。

饲喂花粉，早春蜂群排泄飞行后，要及时加入粉脾，哺育 1 只蜜蜂幼虫需消耗 120～145 毫克花粉，培育一框蜂约需花粉 150 克。添加花粉脾最好，如果没有花粉脾，可喂天然花粉或人工花粉，饲喂前先用洁净的冷开水将花粉喷湿使花粉粒吸潮变散，然后加入纯净蜂蜜，按 10∶1 的比例混合均匀，饲喂时将花粉捏成条放入塑料袋中，将塑料袋剪几个小口，开口一侧向上放在框梁上，这样既利于花粉保湿又方便蜜蜂取食；多数蜂群采食完后再喂下一次，前期每次少喂，待蜜蜂吃净后再喂，直至外界大量天然花粉被采进巢为止。

在早春适当奖励饲喂，可以起到刺激蜂王产卵的作用，是促进蜂群快速发展的好办法。但奖励饲喂应在巢内有一定存蜜的条件下进行，早春每个巢脾上需有 0.5 千克存蜜，如果存蜜不足，应该先一次性饲喂补足，再进行少量的奖励饲喂。时间最好在外界出现少量粉蜜源时开始进行，遇寒潮应暂停，以免刺激蜜蜂外出飞行，造成工蜂冻死；奖励饲喂量要少，次数要勤。

（十五）扩大蜂巢

蜂王产卵圈的大小对蜂群的增殖速度关系很大。早春蜂王产卵，多先集中在巢脾朝巢门一端，当这一端产满之后，应调头让蜂王产满整张巢脾；到子脾有 3 框时，卵圈常是两大一小，可将小的调到中间；当整张巢脾的幼虫封盖后，先将 1 张空脾加在蜜、粉脾内侧（第二张），1 天之后，当工蜂已清理好巢房，脾温也升高之后，再加入巢中央"暖区"供蜂王产卵；当第一代子全部出房，巢内工蜂已度过更新期，全部由新蜂代替越冬的老蜂，而一个完整的封盖子全羽化出房后可以爬满 3 张脾，这时蜂群内的蜜蜂较为密集，应及时加入 1～2 张空脾供蜂王产卵，待蜂王已产满空脾，孵化成蛹后再加入 1 张空脾，由此类推继续加空脾，蜂群就会很快地壮大起来；如果产卵圈受到外圈封盖蜜的限制，可用开水烫热的快刀割开蜜盖，方法是由前向后或由里向外割开，让蜜蜂把贮蜜移到巢脾外缘，以便扩大产卵圈；早春繁殖的中期，蚕豆大量吐粉，油菜开始进入盛花期，更新过后的新工蜂采集十分勤奋，出现工蜂贮蜜、粉与蜂王产卵争巢房的现象，也就是"蜜压子圈"现象，应视天气状况，在连续晴朗的日子，可将蜂蜜摇出，扩大产卵圈。

早春添加的繁殖用巢脾，最好是育过虫的暗色巢脾，经过消毒后，再加入蜂箱内，这种巢脾蜂王容易接受、产卵快，保温性能较好；加脾应选用平整巢脾，较厚巢脾应用快刀削平，以便于蜂王产卵。加脾时可用少量温蜜（糖）水喷湿空脾，然后再加入。

（十六）强弱互补

在春繁过程中由于发生偏集、蜜蜂死亡数量和蜂王产卵量不一等原因，就会出现有的群子多蜂少、有的群则蜂多子少的现象。这时，就要对蜂群进行调整，把子多蜂少蜂群的卵虫脾抖掉

后加入蜂多子少蜂群里哺育，也可以将蜂少子多群的卵虫脾和蜂多子少群正在出房的封盖子脾对调，以加强子少蜂多的群势。这样做可以让所有蜂群都得到快速发展。

早春气温低，弱群因保温和哺育能力差，产卵圈的扩大很有限，宜将弱群的卵、幼虫脾抽给强群哺育，再给弱群补入空脾，供蜂王继续产卵。这样，既能发挥弱群蜂王的产卵力，也能充分利用强群的保温能力。待强群幼蜂羽化出房，群内蜜蜂密集时，可抽老封盖子脾或幼蜂多的脾，补入弱群，使弱群变为强。

（十七）喂水、喂盐

早春繁蜂季节，幼虫需要大量的水，外勤蜂不得不外出采水，容易被冻僵致死。因此，要让蜜蜂养成在巢边采水的习惯，方法是在巢门附近放置饲水器。水一定要洁净，以凉开水为好，也可以在水里加上少许食盐（0.1%～0.2%），以后每隔7～10天换1次水。

喂水方法是：① 用市场上装饮料的小塑料瓶，将瓶装满水，再用旧棉絮搓成棉绳塞入瓶口内6～7厘米长，外露4厘米左右。将瓶放倒在框架上供蜂吮吸，瓶口第一次可抹些蜂蜜引诱工蜂来采。② 用空酒瓶装满清水，将瓶子放在巢门前，瓶子内放一根棉絮搓成的棉绳，一头露在外面供蜂吮吸。③ 将饮水盒从巢门伸进蜂箱内，或在巢门前放一罐头瓶，将2根纱布条从瓶牵到巢门边，让蜂自由吸水。每隔5天清洗1次瓶子和纱条。④ 用脱脂棉团浸水，放在对着巢门的上框梁间，上面覆盖一块塑料薄膜，不使水浸透到保温物上，以后每次用注水器浇湿棉团。

（十八）防潮湿

早春繁殖时，蜂箱内的保温物如稻草、旧毛毯、棉织品，经历一个冬天，长期吸湿，水分多，蜜蜂的代谢产物如粪便滞

留在蜂箱内，加上空气不流动，箱内容易霉变生菌，弱群和中蜂更为严重。在天晴时，应将蜂箱打开，通风换气，并取出保温物晒干，或者调换新的、干燥清洁的保暖物，以防止蜜蜂感染疾病。

（十九）生产蜂王浆或提早育王预防"分蜂热"

春季蜂群发展到一定的程度，意蜂有 7～8 框子、中蜂有 4～5 框子时会出现分蜂。在人工培育蜂王时，要挑选不爱分蜂、能够维持强群的蜂群作为种群和哺育群。每年在流蜜期前 15 天左右，用新王更换老王；繁殖期适当控制群势，当蜂群发展壮大、幼蜂大量增多的时候，可分期分批提出封盖子脾，组织或加强新分群；早采蜜、勤采蜜，取去巢内贮蜜可预防和控制"分蜂热"。采取连续生产王浆的办法，充分利用工蜂哺育力，可以有效地避免分蜂；淘汰劣脾，积极造脾，把陈旧的、雄蜂房多的、不整齐的劣脾及早剔除，加础造脾，扩大产卵圈。

当蜜蜂繁殖至满巢箱时，可提前生产蜂王浆。每群蜂先下 1 个浆框，待蜂群加上继箱、群势进一步扩大后，酌情下 2 个浆框。提早生产蜂王浆，不仅可增加收入，而且能预防蜂群发生"分蜂热"。

经过前一阶段的繁殖，蜂群群势迅速增加变强，这时蜂场中的老劣王群会出现分蜂热，为了控制这些蜂群的分蜂热，需要提早育王，以便更换蜂群中的老劣王，同时也可以用于组织双王群。

经过春繁蜂群群势增强，这时要适时根据蜂群情况，给群势强的蜂群逐步加上继箱为蜂产品生产做好准备，同时也为蜂群的发展增加空间。这个工作要在第一个主要蜜源到来前 10～15 天完成。

二、流蜜期蜂群的管理技术

流蜜期是养蜂生产的黄金季节，蜂群流蜜期的管理好坏直接影响着蜂蜜、花粉及王浆等蜂产品的产量和质量。如何利用蜂群在蜜源植物流蜜期的采集和贮存食物的生物学特性，组织强群进行采集，是养蜂生产成败的关键。

（一）流蜜期前的管理

重点是培育适龄采集蜂和内勤蜂、组织采蜜群、预防分蜂热、造新脾等。

1. **培育采集蜂和内勤蜂**　蜂群中的工蜂是采蜜者，工蜂从卵孵化至成蜂出房一般要经历 21 天时间（中蜂 20 天），同时只有 15 日龄以上的工蜂才会外出采集花蜜和花粉。蜂群除了有大量的采集蜂外，还应有一定数量的内勤蜂，因此，从大流蜜前 40～45 天开始，到流蜜期结束前的 1 个月之内，应该注重培育采集蜂和内勤蜂。管理上应采取有利于蜂王产卵和提高蜂群哺育率的措施，如调整蜂脾关系、适时加脾、奖励饲喂、治螨防病等。如果蜂群群势较差，应组织双王群，提高蜂群发展的速度。

2. **组织采蜜群**　流蜜季节，生产群应有 15～20 框蜂、10 框子脾才是一个强的采集群。因此在流蜜季节到来前要对生产群进行一次全面检查。若距离开始流蜜还有 1 个月，可从辅助群里提出虫卵脾补给采蜜群，15 天之后，幼蜂羽化出房，到采蜜期便可投入采集。

调补子脾应分期分批进行，做到群内采集蜂和哺育蜂的比例相称。如距离开始流蜜只有 15 天，就应该从辅助群里抽调封盖子脾到采蜜群，5～6 天就可羽化出房。如果流蜜期即将开始，抽封盖子脾补给采蜜期都为时已晚，可先将辅助群的蜂箱向采蜜

群靠拢，流蜜期开始，再把辅助群的蜂箱搬走，让辅助群的外勤蜂进入采蜜群，加强采集力。同时，抽取主群的卵虫脾给副群，减轻主群的哺育工作，充分利用副群的哺育力，必要时也可以将辅助群合并入强群，实现取蜜、繁殖双丰收。

如果在大流蜜到来之际，蜂群已加继箱，群势很强壮，花期不超过 1 个月，只需调整蜂巢，把子脾调入巢箱，限制繁殖，继箱为空脾，储蜜即可。如花期超过 1 个月以上，采蜜的同时，还要定期给巢箱调入空脾，确保繁殖后期有足够的采集蜂。

3. **解决好繁殖与采蜜的矛盾**　在流蜜期里，如果采蜜群内幼虫太多，大量的哺育工作会降低蜂群的采集和酿蜜能力，从而降低蜂产品产量。因此，应在流蜜前 6～7 天，开始限制蜂王产卵，保证蜂群进入流蜜期后，哺育蜂儿的工作减少，集中力量投入采集和酿蜜；主要方法是用框式隔王板将蜂王控制在巢箱内的 1 个小区内（内放封盖子脾和蜜、粉脾）。流蜜期结束前，撤去隔王板即可；流蜜期结束之前，应恢复蜂产卵，以免群势下降。

4. **多造脾、造好脾**　流蜜期前，蜂群里积累了大量的幼蜂，泌蜡能力强，是造脾的大好时机。因此，应及时加巢础框，多造脾、造好脾，每群蜂一般能造 10～15 个巢脾，以供其繁殖、流蜜期贮蜜之用。这样不仅可以增加蜂蜡生产，而且还可以减少分蜂热，促进蜂王多产卵。

（二）流蜜期的管理

在主要流蜜期里，蜂群管理的工作主要是消除分蜂热、减少哺育、加大贮蜜空间等，给蜂群创造最好的生产条件，提高采集能力和酿蜜强度，夺取蜂产品的高产。

1. **消除分蜂热**　主要蜜源开始流蜜时，蜂群过于强大易产生分蜂热，应及时消除分蜂热，保持工蜂处于积极工作的状态。

2. **诱导采蜜**　主要蜜源开始流蜜时，从最先开始采蜜蜂群

里取出新蜜，喂给尚未开始采集的蜂群，通过食物传递采集信息，使全场蜂群及时投入采蜜，可以增加产量。

3. **扩大蜂巢**　在主要流蜜期，扩大蜂巢就是给蜂群增加贮蜜空间，保证蜂群能更好地酿蜜和贮蜜，这是夺取高产的关键措施。

（1）扩大蜂巢的时间　首次应在流蜜期开始前几天，之后根据进蜜情况而定。如果流蜜量不大，如 1 群蜂每天进蜜 1.5～2 千克，1 只继箱便够使用 6～8 天；如每群蜂一天进蜜 2.5～3 千克，1 只继箱只够使用 4 天，应接着加第二个继箱；如每天进蜜 5 千克，1 个继箱只能使用 1～2 天，应一次加 2～3 个继箱。

（2）加继箱位置　通常加在巢箱上面，第二个继箱如果为空脾，可以加在最上面；如果装有部分巢础，均应加在育虫箱上面。此外，应及时加入巢础框造脾，最好加入已造好一半的巢脾，效果最好。

4. **加强通风**　酿造 1 千克蜂蜜，需要蒸发 2 升水分。为了尽快把蜂箱内的水分排出去，在大流蜜期间应加强蜂巢的通风，加速蜂蜜中的水分蒸发，以减轻蜜蜂的酿蜜工作。通常可将巢门全部打开、箱盖和箱身通气、打开窗门、加大继箱内蜜粉脾的距离、扩大蜂路，巢箱中应保留 2～3 张巢脾的空位，有利于通风。同时，在夏天注意蜂箱的遮阴防晒，如果没有盗蜂和敌害，还可以把继箱（与巢箱）向前错开 20 毫米。

5. **适时取蜜**　蜜蜂采集的蜜汁要经过充分酿制，才能逐渐成熟。未成熟的蜜水分含量大，容易发酵酸败，不能久存。成熟蜂蜜若不适时取出，工蜂会出现怠工现象；适时取蜜，能刺激蜜蜂积极采蜜，提高蜂蜜产量。当继箱内的蜜脾 70% 以上封盖时，即可取蜜。取蜜时间最好安排在清早为好，若在蜜蜂采蜜最繁忙时取蜜，不仅会干扰蜜蜂采集行为，而且易混进当天采集的未酿造的花蜜。取蜜要慎重，前期和大流蜜期，每 7 天左右取 1 次，

可全部取出蜂群内的蜂蜜；后期应采用抽取方法，即取蜜时要保留部分蜜脾，不能一次取完，以保证蜜蜂以后的生活需要；如雨季天气变化大，也应该抽取。

6. 根据流蜜期长短控制蜂王 15 天以下的短花期则应关王取蜜（中蜂不宜关王）；花期 20 多天则应限制蜂王产卵；1 个月以上的流蜜期，或长途转运，连续追花夺蜜的，则应尽力为蜂王创造产卵条件，或从副群补脾给采集群来维持蜂群的群势。

7. 其他管理工作 流蜜期每隔 5～7 天要对巢箱全面检查 1 次，发现王台和台基应立即毁弃，不能疏忽遗漏。及时割除雄蜂巢房，发现盗蜂、分蜂、病敌害中毒等突发事情要及早处理，避免蔓延扩大，造成损失。在流蜜期结束前，要留足饲料蜜，以备天气不好或转地时使用。

8. 抓好王浆和蜂胶生产 在流蜜期 10 框以上群势蜂群，均可生产王浆，但要及时调整巢脾，使蜂群处于积极造王状态，才能保证取蜜、繁殖、产浆的全面丰收。蜂胶是蜜蜂采集植物幼芽分泌的胶状物，混入蜂蜡等分泌物，形成的具有芳香气味的黏性物对多种疾病有疗效。大流蜜期蜂胶量多，由于气候温暖，蜂胶较软容易收集，可在开箱检查时用起刮刀采集，然后迅速捏成团，用塑料薄膜包好妥善保存。

（三）生产优质蜜的方法

优质蜂蜜应具有天然特性，保持所采蜜源独特色、香、味的成熟蜜，并且不得混有蜡屑等杂质，水分和蔗糖含量必须符合国家标准。

1. 清除杂蜜 每一个花期，第一次所取蜂蜜一般混有前一花期的蜜，因此，应在大流蜜 4～5 天之前，进行 1 次全面清脾，取出杂蜜，以保证生产纯度较高的单一花种蜂蜜。

2. 使用新脾 新脾可避免旧蜜和杂花蜜残留，因此使用新

脾能保证蜂蜜的新鲜度。

3. 取成熟蜜　成熟蜂蜜的含水量应在 18% 左右，部分蜜源植物的花蜜也不超过 20%，要达到这一标准必须摇取封盖蜜或 70% 以上封盖的成熟蜜。

4. 强群生产　强群不仅产量高，而且酿制蜂蜜的能力强、速度快、易成熟，所以强群生产的蜂蜜也能优质。

5. 及时过滤　所取蜂蜜应及时过滤，避免蜡屑和气泡混入；取出的蜜应放在专用蜜桶内保存，不要放在铁桶或有毒的塑料瓶中保存；分装好后，最好不要翻桶。

三、分蜂期的管理技术

自然分蜂是蜂群生命活动的重要部分，是蜜蜂群体繁殖的基本形式。通过饲养管理可以预防和控制自然分蜂。

（一）分蜂热的征兆

春、夏蜜蜂繁殖时期，由于大批幼蜂相继出房，巢内哺育蜂相对过剩，导致巢内工蜂拥挤、巢温增高；巢脾上空巢房少，无贮蜜和产卵空间，工蜂采集积极性骤然下降，出勤工蜂数量大大减少，出现怠工状态，常在巢脾下方或巢门前互相挂吊成串，形成所谓"蜂胡子"；巢内雄蜂羽化出房，蜂王腹部收缩，产卵量大减，甚至停产；王浆框上吐浆工蜂稀少，蜂王浆产量骤降；巢内出现自然王台，这便是即将出现自然分蜂的征兆。

（二）控制自然分蜂的方法

闷热的气候、充足的蜜源、过度拥挤、通风不良、群强王老等都能引起分蜂。控制分蜂热应从管理入手，尽量给蜂王创造多产卵的条件，增加哺育蜂的工作负担，调动工蜂采蜜、育虫的积极性。

1. **分流幼蜂**　流蜜季节，如已出现自然王台，在中午幼蜂出巢试飞时，迅速将蜂箱移开，提出有王台和雄蜂较多的巢脾，割去雄蜂房房盖，杀死幼虫，放入未出现自然分蜂热的群内去修补。在原箱位置放一个弱群，等幼蜂飞入弱群后，再将各箱移回原位，既增强了弱群的群势，又可消除强群分蜂热。

2. **抽调封盖子脾**　当蜂群发展到一定的群势时（西蜂12脾，中蜂8脾以上），封盖子脾达到5～6脾时，不等发生分蜂热，就分批每次抽调1～2脾封盖子脾，连同幼蜂一起加入弱群或进行人工分群，同时加空脾，供蜂王产卵。

3. **连续生产蜂王浆**　在蜂群产生分蜂情绪时，连续地加入王浆框，使体内积累大量蜂王浆的过剩哺育蜂在生产王浆的台基内吐浆，减少卵巢管发育的工蜂数量，既可获得蜂王浆高产，又可控制分蜂热。

4. **多造新脾**　及时剔除陈旧、雄蜂房多的以及不整齐的巢脾；同时，利用工蜂的泌蜡能力，积极地加础造脾、扩大卵圈，加重蜂群的工作负担，从而控制分蜂热。

5. **勤割雄蜂房**　除选为种用父群的蜂群外，还应尽量将群内的雄蜂房割除，放入未产生分蜂热的蜂群内去修补。

6. **毁掉自然王台**　在检查蜂群时，应尽量将群内的自然王台割除。但应注意的是毁台只是应急、临时的延缓手段，不能从根本上消除分蜂热，因此，在毁掉自然王台的同时，还应该采取相应的措施彻底解除分蜂热。如果一味地毁台抑制分蜂，则蜂群的分蜂热会越来越强，最后导致蜂群建台并逼迫蜂王在台中产卵，反而会加速分蜂。

7. **适时取蜜**　当蜜压子圈时，应及时摇取蜂蜜，扩大蜂王产卵圈，增加工蜂的哺育工作量。如果蜂群产生分蜂情绪时正接近流蜜期，应提前摇出该群的蜂蜜，即清脾，蜂群内的存蜜已被摇尽，而外界已有蜜源开始流蜜，蜜蜂为了生存，只得外出采

集，不久外界蜜源大流蜜，蜜蜂便会忙于采蜜酿蜜，分蜂意念自然被解除。

8. 人工模拟分蜂 流蜜期前，如个别蜂群产生较为严重的分蜂热，可做一次模拟分蜂。具体做法：先把子脾放在没有发生分蜂热的蜂群中去，再加入巢础框或空脾，把工蜂和蜂王抖在巢门前，让它们自己爬入箱内，做一次人为自然分蜂。

9. 抽蛹脾，加虫、卵脾 将产生分蜂热蜂群内的封盖蛹与弱群里的虫、卵脾进行交换，增加工蜂的哺育工作量，也可迅速将弱群补强。

10. 改善巢内环境 当外界气候稳定、蜂群群势较强时，要及时扩大蜂巢、通风降温。具体措施：蜂群放在通风处，蜂群遮阴，适时加脾，增加继箱，加大巢门，扩大蜂路，及时采取喂水、蜂箱周围喷水等降温措施。

也可采用上空继箱的方法来缓解"分蜂热"。流蜜期可根据需要加数个继箱贮蜜，这样组织管理的蜂群巢内空间大，蜂王产卵和工蜂贮蜜的位置充足，蜂群内只有1只蜂王，蜂群就很少产生"分蜂热"。

11. 早育王，早分蜂 蜂群已经产生分蜂热，王台已经封盖，如坚持破坏王台，只能拖延分蜂时间。王台破坏后，工蜂会立刻再造，造成工蜂长期消极怠工、蜂王长期停产，严重阻碍蜂群发展，影响蜂产品的产量。因此，应及早培育蜂王，尽快扩大群势，有计划地进行人工分蜂，加速蜂群繁殖。

12. 选育良种蜂王 选择蜂场内分蜂性弱、能维持强群的蜂群作为父、母群，培育良种蜂王，及时换去老劣蜂王。

新蜂王释放的"蜂王物质"多，控制分蜂能力强。同时，新王群的卵虫多，这既能加快蜂群的增长速度，又增加了蜂群的哺育负担。因此，每年至少应换1次蜂王，常年保持群内是新王，便能维持大群，控制分蜂热。

四、越夏期的管理技术

越夏期管理是指热带、亚热带地区夏秋季缺乏蜜粉源时的蜂群饲养管理。越夏期外界蜜粉源少，气温高达30℃以上，又值雨季，蜜蜂难以调节和维持巢内适宜的温湿度，导致蜂王停止产卵、蜜蜂寿命减短、敌害增多、守卫巢能力削弱、蜂群群势迅速削弱。我国北方地区，虽有短暂高温时节，但由于蜜源充足，正是养蜂生产的繁忙季节。越夏难主要原因是缺乏蜜源，其次是高温。因此，夏季管理的主要任务是改善蜂群周围小气候环境，蜂箱遮阴、加强通风，控制蜂王产卵，减少蜜蜂活动，捕杀天敌，尽量避免对蜂群的干扰，保持粉蜜充足，为秋季蜂群群势的恢复和发展打下基础。

（一）越夏前的准备工作

夏季来临前，应利用春季蜜源，培育新王、进行换王，保留充足饲料，并调整群势（中蜂3～5框，西蜂8～10框），因群势太强，消耗越大，不利越夏。

（二）越夏期的管理要点

越夏期首先应保证蜂群内有充足的饲料，也利用林区"立体蜜源"的特点，转地至半山或气候温和、有蜜源的地方饲养。

1. 遮阴防晒　炎夏烈日、气温高亢，应特别注意蜂群的遮阴和喂水，把蜂箱放在高大树荫之下，或者使用绿色蜂棚遮阴，防太阳直射蜂箱。

2. 洒水降温　晴天正午前后，在蜂箱壁或者蜂箱周围地上洒水，以降低蜂群周围小气候的温度。

3. 加强通风　为了降低群内温度，应注意蜂群通风，搭建

50～100 厘米的高箱架，把蜂箱放在箱架上，既可以减少敌害和雨水侵入巢内，又可避免热气上蒸。同时，打开箱盖气窗，可去掉覆布，开大巢门，扩大蜂路，使脾多于蜂，促进空气流通。

4. 防敌除害　夏季，蜜蜂的敌害主要有胡蜂、蜻蜓、蟾蜍、茄天蛾等，虫害主要有蜂螨、巢虫等。要特别注意防治，积极捕杀、诱杀胡蜂。蟾蜍多的地方，可每晚往巢门前放置铁纱罩，预防蟾蜍在夜间捕食蜜蜂。如有蚂蚁危害，可采用箱架四周铺细砂、箱架腿上涂灭蚁剂等方法。同时，要防治美洲幼虫腐臭病、囊状幼虫病、蜡螟等病害发生。夏末，子脾少，要在蜂王恢复产卵、子脾封盖前抓紧治螨。另外，农作物也常施用农药，应防止蜜蜂农药中毒。

5. 减少干扰　夏季管理应注意少开箱检查，平时以箱外观察为主，定期全面检查，10～15 天 1 次，这样可减少蜂群活动，延长其寿命，同时预防盗蜂的发生。

6. 生产蜂王浆　对有少量蜜粉源的地区，应该组建 10 框以下的强群，采用人工补喂、奖励饲喂等方法，生产蜂王浆。

7. 杜绝飞逃　炎夏季节，弱小蜂群抗拒外界不良气候影响的能力差，在饲料不足或敌害威胁的情况下极易发生飞逃，特别是中蜂，可在巢门前安装隔王片或蜂王剪翅。

五、秋季蜂群的管理技术

"一年之计在于秋"是养蜂生产的一大特点，因为秋季的蜂群管理至关重要，蜂群秋季管理的好坏直接影响第二年蜂群的发展和蜂产品的产量。蜂群的秋季管理就是利用一年中最后一个花期培育适龄越冬蜂，壮大群势，更换老劣蜂王，防治病虫害；做到蜂群强、饲料足和蜂王好，有利于蜂群越冬和翌年蜂群的群势恢复。秋季是蜜蜂全年活动的最后一个时期，也是

培育越冬蜂和饲喂越冬饲料的重要时期，所以一定要做好蜂群的秋季管理工作。

（一）培育适龄越冬蜂

在秋末羽化出房，经过排泄飞翔，但尚未参与采集活动的蜜蜂，称为适龄越冬蜂。适龄越冬蜂生理上保持了青春活力，所以才能在蜂箱内度过漫长的冬季。本阶段的工作重心应由蜂群强盛阶段的以生产为主转移到以繁殖为主。培育适龄越冬蜂的时间，要根据当地的蜜源和气候条件而定。为了培育数量多、质量好的越冬蜂，在管理上须采取如下措施。

1. **选择场地**　选择周围有充足的蜜粉源，并且放蜂密度不大的场地来作为秋繁场地。如果没有蜜源，一定要有充足的粉源，否则不能作为秋繁场地。摆放蜂群的场地，要求地势高燥、避风、向阳。中蜂场应远离西蜂场，否则，在秋末冬初时容易引起盗蜂，主要是西蜂盗中蜂。

2. **治螨**　培育越冬蜂时期正是雅氏瓦螨、亮热历螨繁殖的高峰期，为培育出健壮的适龄越冬蜂，必须抓住秋季群势下降、子脾减少的时机（或采取人为断子的方法），务必在培育越冬蜂之前进行治螨。否则，蜂螨会潜伏在封盖子巢房内繁殖，轻则使越冬蜂寿命缩短，重则会出现脱子现象。如群内有子脾，治螨必须选择长效药物，进行多次治螨或分巢治螨。

3. **育王、换王**　在培育越冬蜂之前，要利用盐肤木、刺老苞、玄参等蜜粉源开花流蜜期育王，将蜂场内需要更换的老劣蜂王群全部换成新王。这样，既可以保证用新王培育越冬适龄蜂，又可以保证第二年春繁时有优质蜂王。

4. **调整蜂巢**　在组织蜂群培育越冬适龄蜂时，要求平箱群群势达到箱满，不符合要求的蜂群要进行合并。继箱群适合产卵的子脾和蜜粉保持蜂脾相称。

5. **保证蜂群饲料充足** 在秋季繁殖阶段，如果外界蜜粉源充足，蜂群进蜜多，可适当取蜜。如果外界蜜粉源不足，要及时进行补助饲喂，保证蜂群饲料充足。

6. **幽王断子** 在培育越冬蜂后期，外界气温下降，可将蜂王幽闭起来，使蜂群断子。蜂群断子后新出房的越冬蜂不参与哺育，保持其生命活力。同时，为后期饲喂越冬饲料和治螨创造了有利条件。

（二）饲喂越冬饲料

蜂群只有靠充足优质的饲料才能安全越冬。当越冬蜂培育基本结束时，应检查蜂群内的饲料情况。如果储蜜不足则应进行补喂，如果巢内所存蜂蜜不适合作为越冬饲料，须将蜜脾提出，留做明年春繁时用。

1. **调整蜂群** 在饲喂越冬饲料之前，要调整巢脾，将多余的巢脾全部抽出，按越冬蜂所需巢脾数量留脾，如果留脾较多，饲喂越冬饲料时，饲料就会分散到多张巢脾上，不利于蜂群越冬。

2. **准备饲料糖** 越冬饲料必须要用优质白糖，不能用来路不明的蜂蜜和次品糖。饲料糖的量，按每群15千克准备。

3. **饲喂糖浆** 将备好的白糖按1千克白糖加0.7升水的比例用小火化开，放凉，天黑以后，等蜜蜂全部进巢，将糖浆注入饲喂器，强群可直接加满，弱群可加2/3。第二天检查蜂群，观察饲料使用情况，如果基本吃完，可继续饲喂；如大部分饲料没吃完，再饲喂时要减少饲喂量，要求每天饲喂的糖浆要基本吃完。另外，饲喂糖浆前，要将蜂箱缝隙堵严，缩小巢门，以防盗蜂。饲喂过程中要连续大量饲喂，不能让蜂王有产卵的机会。连续喂3～4次，视情况可停1～2天，然后再连续饲喂。当蜂群中的巢脾全部装满糖浆时，即可停止饲喂。

（三）彻底治螨

喂完越冬饲料检查蜂群时即可治螨。此次治螨非常重要，直接关系到第二年的养蜂生产，此时蜂群内无子脾，蜂螨全部暴露，可与药物直接接触，治螨效果好。治螨时要选择晴暖、蜜蜂能飞翔的天气，隔天 1 次，连治 2～3 次，即可收到很好的效果。

六、冬季蜂群的管理技术

在冬季，外界气温长期处于低温状态，此时蜂群不再哺育幼虫，结成蜂团，并停止采集活动。蜂群进入越冬期后，并不等于一年养蜂工作的结束。相反，要安全越冬必须依靠正确的管理。有经验的养蜂员都知道："养蜂一年四季冬最闲，危险季节在冬天"。越冬蜂的管理概括起来，就是"蜂强蜜足、加强保温、向阳背风、空气流通"16 个字，也是蜂群安全越冬的基本条件。

（一）越冬前的准备

进入越冬期前，蜂群应做好下列准备工作。

1. **选择越冬场地**　蜂群越冬的场地，应选背阴、背风、干燥、遮蔽阳光并容易转移，能使蜂群安静休养的地方。

2. **调整蜂群**　对蜂群进行全面检查，抽出多余的空脾，撤除继箱，只保留巢箱。如果蜂群太弱，可将巢箱中央加上死隔板，分隔成 2 室，每室放 1 弱群，不仅可以储备蜂王，同时还具有节省饲料、抗寒力强、死蜂少、越冬安全、春季恢复快等特点。强群也应保持蜂多于脾。并且要合理布置越冬蜂巢，具体措施：中间放半蜜脾，两边放整蜜脾；若全为整蜜脾，应加大蜂路，并且边脾的糖脾面积要大。

3. **囚王断子、彻底治螨及换脾消毒**　在南方冬季外界也有

零星蜜源，且晴天中午外界温度较高。因此，蜂王仍会产少量的卵。可用囚王笼将蜂王关 15 天左右，让其彻底断子，囚王断子后，巢内已无蜂儿，可将巢脾提出，用硫磺烟熏，然后用清水冲洗干净、晾干，再放入群里，最后紧缩蜂巢，让蜂多于脾，以利于越冬。

4. 喂足饲料　巢内有充足优质的蜂蜜是蜂群安全越冬的必要条件。越冬蜜必须提前留足。可在当地最后一个蜜源流蜜期，每群选留 2～3 张已经产过数代子的巢脾，让蜜蜂贮蜜，蜂蜜贮满后置于继箱一侧，到下次取蜜时，蜂蜜已经成熟，提出存于空继箱里，到秋繁结束时放入蜂群。如果最后一个蜜源流蜜不稳定，可在前一个蜜源留足。没有充足自然蜜源，或未留足蜜脾的，在秋繁中后期，用上等优质白砂糖或洁净蜂蜜补助饲喂蜂群，直到喂出 2～3 张封盖蜜脾。补助饲喂最好在最后一批封盖子出房前 3 天结束，集中 5～7 天完成。

秋季有甘露蜜的地方，在饲喂越冬饲料前要将储有甘露蜜的蜜脾撤出。一般情况补喂饲料，糖与水的比例为 2∶1；蜜与水的比例为 3∶1。如饲喂蜂群的蜂蜜来路不明，应煮沸 30 分钟消毒，待凉后再喂，以防止蜂病的传染。饲喂前在饲喂器中加几根稻草或干树枝，以防蜜蜂淹死。饲喂应在傍晚进行，不要将糖水或蜜水滴于箱外，以防发生盗蜂。

北方蜂群越冬，一般每足框意蜂要储备 3 千克左右的蜂蜜，即 1.5 张大蜜脾；在长江中下游地区，意蜂越冬，每足框意蜂要储备 2 千克左右蜂蜜。贮蜜不足的，应提前补足。

5. 布置越冬蜂巢　一般群势较小的弱群，最好组织双王群过冬。布置方法是用普通隔离板或铁纱隔板将标准箱分成两区，巢门开在两边。每个小群各占一边，每区不少于 4 张脾，靠隔离板的巢脾放半蜜脾，大蜜脾靠另一边，边脾外加隔板。

5～6 框蜂，可放 6～8 张巢脾，采用平箱越冬：大蜜脾放

在两边，半蜜脾放在中间，边脾加隔板；7框足蜂以上的蜂群，可以采用继箱越冬：将蜜脾集中放在继箱上，蜂群起初结团于巢箱上部，后期结团于巢继中间，双箱体越冬，巢内空间大，通气良好，蜂群越冬安全。

布置好巢脾后，纱盖上加盖保温物，其覆布要折起一个角，做箱内通风口。可在覆盖上加几层报纸，以增加保温效果。对双王蜂群箱，最好在巢门口加一块垂直蜂箱的挡板将两巢门隔开，以防工蜂偏集。

（二）越冬保温工作

我国大部分地区蜂群越冬都可在室外进行，根据南北方各地气候的差异，选择适当的时间给蜂群进行适当的包装保温。蜂群保温也应因地制宜。越冬前期，气候不稳定，群内可不必保温，仅在副盖上加盖草帘即可，气温降低后，再做内保温。我国华南地区冬季气温较高，蜂群越冬仅做箱内保温即可。

箱内保温是在越冬蜂巢布置好后，把蜜脾外的隔板固定，隔板外空间用稻草或泡沫塑料塞满，缩小巢内保温空间。纱盖上加棉垫或草帘，纱盖下的覆布要折起一角，作为箱内的通风口。进行箱外包装的蜂群，可2～3群一组，也可数群排成一排，进行箱外包装保温。这样，既节省保温物，又能利用蜂群彼此散热保温。当蜂群结团，工蜂不再外飞后，在箱底铺上干草，外侧及箱后围上草帘，蜂箱上盖上草帘，草帘可挂到蜂箱前壁，留出巢门。随着气温的逐渐寒冷，再用干草塞严箱与箱之间的夹缝。北方较寒冷的地区，还可在箱盖的草帘上加盖一层帆布，这样既可防雪，又增加了保温效果。

越冬蜂群应放在背阴地，巢门向东或北，加强通风降温，促使蜂群早团结。但遇到大幅度降温天气（0℃以下），应对弱群加保温物。具体保温方法：

1. **箱内保温** 将紧缩后的蜂脾放在蜂巢中央,两侧夹以保温板。两侧隔板之外,用干稻草扎成小把,填满空间。盖好覆布、副盖、草帘或棉絮,缩小巢门即可。

2. **箱外包装越冬** 可分为单群包装和联合包装两种形式。

(1)**单群包装** 做好箱内保温后,在箱盖上面纵向先用一块草帘,把前后壁围起,横向再用1块草帘,沿两侧壁包到箱底,留出巢门,然后加塑料薄膜包扎防雨和雪。

(2)**联合包装** 先在地上铺好砖头或石块,垫上一层较厚的稻草,然后再将带蜂的、经过内保温的蜂箱排在稻草上面,每4~6群为一组,各箱间隙也要填上稻草把,前后左右都用草帘围起来。缩小巢门,然后用塑料薄膜遮盖防雨和雪。

(三)越冬管理

做好保温工作之后,无特殊情况千万不要开箱检查,采用箱外观察来掌握蜂群情况,并采取相应措施。

如在巢门侧耳倾听时发出轻微的"嗡嗡"声或轻叩箱壁发出"嗡嗡"声,马上静下来,属正常情况。

如发现工蜂在巢门口进出抖翅,箱内声音混乱表明可能失王。应在晴暖的中午开箱检查,若失王应诱入储备王或并入他群。

如蜂群喧闹不安,从巢内掏出断头缺翅的死蜂,并有巢脾碎块、乱草末和碎蜡屑,表明有鼠害,应及时驱杀,查找鼠洞予以堵塞。

如巢门前挂霜流水,表明湿度大,要加强通风。

如巢门前有稀粪,表明蜜蜂下痢,要扩大巢门、撤去包装或加大蜂路等,降低蜂群巢内温度。

如听到箱内骚动声,经久不息,蜂团散开,表明箱内缺蜜;如在箱底和巢门外发现大批死蜂,舌头伸到外面,未死的也行动无力,说明缺蜜饥饿,要立即用温蜜水喷到蜜蜂身上。饿僵在2

天以内的蜜蜂，还可救活；救活之后，要补给温暖的蜜脾。

如蜂群缺水时，蜂群会出现不安，并从巢门掏出蜂蜜结晶，可在巢门喂0.2%的食盐水。

如发现部分工蜂出巢扇风，说明巢内闷热，应加大巢门，或短时撤去封盖上的保温物，加强通风。

蜂群室外越冬，每隔数日应把巢门前的干草、树叶等清扫干净，掏出巢内死蜂。

下雪天，巢门前要挡上草帘，防止工蜂趋光出巢冻死。雪后，要及时清除蜂箱上及巢门口的积雪，以免巢门被积雪堵塞或融雪浸湿包装物。

蜂群能否安全越冬适宜的温、湿度是非常关键的，一般蜂箱内的温度保持在1℃～4℃为宜，过高蜂群活动量大，食量和粪便都将增加，长期下去，体力消耗过大，形成早衰，甚至发生死亡。过低也会使蜂群加强活动，造成下痢和死亡，冬季蜂箱内的空气相对湿度应保持在75%左右为宜。

第六章
不同林下养蜂模式及关键技术

近年来，随着现代农业的快速发展，蜜蜂授粉技术在农业领域逐步得到推广，养蜂业与种植业的结合更加紧密，显著提高了农产品的经济效益和品质，养蜂业已成为现代农业腾飞的翅膀。林下养蜂是大力发展生态林业和民生林业的有效途径，坚持以科技为依托，充分利用林地资源，发展林下养殖业，可实现农民增收、林地增产、林业增效的目标。应不断创新我国林业体制、机制和激励政策，开创林业经济的新局面，为改善生态、加强种养结合、促进农林经济发展发挥更大的作用。

一、林一蜂模式

林一蜂模式是为了使蜜蜂一年四季都有充足的蜜粉源植物采集，根据现有林地蜜源的种类和面积，人工种植蜜源植物林，如洋槐、乌桕、荆条、五倍子、冬桂花等，并在林中养殖蜜蜂，既达到绿化造林的目的，又能获取蜂产品的一种养蜂模式。

林中生长着各种蜜源植物，不同植物开花时间各异，为蜜蜂周年繁育提供了物质基础。但其缺点是蜜源植物不同季节流蜜

量不一致，有的季节蜜源植物开花少，不能生产商品蜜，甚至不能维持蜜蜂的生活需要，因此，应根据当地的蜜源植物开花情况，栽种一些流蜜量大、流蜜期长的蜜源植物或辅助蜜源植物，以提高养殖和种植效益。

（一）林—蜂模式蜜粉源植物的选择

首先应充分掌握当地的蜜粉源植物情况，包括种类、数量、流蜜量等，特别是野生蜜粉源植物情况，再根据当地的气候条件和地理条件，选择种植适应性强、流蜜好的蜜源植物。林—蜂模式可种植的主要蜜粉源植物较多，但最好选择当地野生蜜粉源缺乏时开花的蜜粉源植物进行人工种植；为了提高某个季节或某种蜂蜜的产量，也可人工种植某种蜜粉源植物，各季节的蜜粉源植物如下：

1. 春季蜜源植物

（1）玉兰　泌蜜量较大，花期为3月份。分布在我国江西、浙江、贵州、华南地区。玉兰不耐移植，一般在萌芽前10～15天或在花刚刚凋谢而未展叶时移栽较好。

玉兰的种植：玉兰在起苗前4～5天需给苗浇透水，在挖掘时需尽量减少对根系的伤害，断根的伤口需保持平滑，土球直径需是苗木地径的8～10倍，不可太小，否则不能起到保护根系的作用。土球挖好后应用草绳捆好，防止在运输途中散坨。栽种前要将树坑挖好，树坑宜大不宜小，树坑过小，不但栽植麻烦，也不利于根系生长。树坑底土最好是熟化土壤，土壤过黏或pH值、含盐量超标都应当进行改土或客土。栽培土通透性一定要好，土壤肥力一定要足，要能供给植株足够的养分，土壤内不能有砖头、石灰、瓦片等杂质。通常栽植深度可略高于原土球2～3厘米，过浅会使树根裸露，还容易被风吹倒，过深则易发生闷芽。大规格苗应及时搭设好三角形支架，防止苗木被风吹倾

斜；种植完毕后，应立即浇水，3天后第二次浇水，5天后第三次，三水后可进入正常管理。如果所种苗木带有花蕾，应剪除花蕾，防止开花结果消耗大量养分而影响成活率。

（2）**石楠杜鹃**　泌蜜量大，花期为3～5月份。石楠杜鹃是温带高山植物，大部分品种原产于我国的西南部，主要分布在海拔2 000～4 500米的高原山区。石楠杜鹃在凉爽湿润的半阴环境中长势较好，具有较强的耐寒性，适宜生长温度为15℃～25℃。

石楠杜鹃的种植：石楠杜鹃可在开花后进行压条繁殖或扦插，若需大规模繁殖可采用组培的方法。新苗埋土需使其透气，不能过实，叶不需要修剪，待植株根系发达、顶芽开始生长时再进行修剪，这样可以促进分枝。石楠杜鹃在高温、高湿的环境中容易发生茎腐病，可喷洒多菌灵进行防治。

（3）**泡桐**　泌蜜量大，花期为3～4月份。除东北北部、新疆北部、内蒙古、西藏等地区外全国均有分布。

泡桐的种植：应选择质地疏松，土层深厚，腐殖质层20厘米左右的立地造林。避免在山顶、风口、山脊种植。穴规格80厘米×80厘米×80厘米。选用鸡粪与沤熟的磷肥混合肥作基肥，每穴施3千克，与1/3回填土混匀并筑成1米×1米的小平台，中间呈山包形，避免积水。于11～12月份选用1年生大田苗上山种植。因苗木高，要用竹木搭三脚架固定。营养袋苗在3～4月雨季、苗高20～30厘米时出圃造林，此时因苗木未木质化，种植时注意保护植株不受损伤。已出芽的根段也可以直接上山造林，但种植效果不好，主要原因是上山后管理难度大，野外阴冷潮湿，烂根严重，缺株普遍。6～7月份为泡桐高生长最快时期，也是杂草生长旺盛时期，管理抚育工作的关键是如何确保此时期泡桐生长的营养需要。一般每年5月底松土、追肥1次，每株施尿素＋复合肥250～300克，距树头60厘米开沟环施。5月份以后，主要管护工作是防治病虫害。冬季12月份，结合松

土施肥 1 次，穴周围 1 米 × 1 米范围翻土深 30 厘米，施复合肥150 克，随翻土埋入地下。连续松土、施肥抚育 3 年。

（4）**络石藤**　泌蜜量大，花期为 4～5 月份。生长于山野、路旁、溪边、林绿或杂木林中，一般缠绕于树上或攀缘于岩石、墙壁上。络石藤喜湿润，温暖，半阴。分布于山东、河南、浙江、安徽、江苏、福建等地。

络石藤的种植：选用压条的方法繁殖络石藤，络石藤在梅雨季节嫩茎较易长气根，气生根较多，可采用连续压条法，秋季从嫩茎的中间切断，即可获得幼苗。或者在梅雨季节，剪取长有气根的嫩茎，插入土中，置于阴处，成活率很高。

（5）**白榆**　泌蜜量较大，花期是 3～4 月份。分布在我国华北地区。

白榆的种植：白榆小苗出现第二对真叶时，开始第一次间苗，间苗应掌握"间弱留壮"、"间密补稀"的原则，即拔除病苗、弱苗，选留壮苗，对缺苗断行的床面进行移栽补苗，以保全苗，间苗时尽量做到等距间苗，株距 4～5 厘米。待苗长到 3～4对真叶时进行第二次间苗，株距 10 厘米左右。每 667 米^2 留苗 1.7万株左右。最好在浇水后或雨后，地湿润不粘时进行间苗，这时土壤松软宜间苗，有利于提高移栽成活率和保护苗木根系。间苗和补苗后要及时灌水，以免留下土壤空隙，影响幼苗成活和生长。松土除草和追肥灌水在降雨或灌水后及时进行。松土初期要浅锄，划破表层硬壳即可。随着苗木的生长而逐渐加深深度，以不伤苗为主。

2. 夏季蜜源植物

（1）**洋槐**　泌蜜量大，花期为 4～6 月份。我国北至北纬46° 的乌兰浩特，南至广州，东达江苏，西到青海、新疆都可种植。洋槐普遍分布在黄河流域，其中关中平原生长非常好。

洋槐的种植：种子发芽较为缓慢，并且在出苗后容易受到

来自外界的危害，幼苗出土后容易遭受到昆虫食害，当年生苗木对外界环境抵抗能力低，越冬较为困难，采用直播的方法种植洋槐成功概率较低，若要大规模造林需植苗。洋槐播种地如果土壤比较贫瘠应当施加肥料，以基肥为佳，否则苗木生长不良。洋槐的适应性很强，分布广泛，适于在多种条件下种植。种植季节需根据各地的情况决定，春季造林可采用秋耕或伏耕的方法，使土壤风化的同时吸收雪水。选择体积较小的苗木，否则会给运输造成困难，选择植株根系较为发达的苗木种植，若根系短小，会导致植株死亡，运输时幼苗不可以受晒及受热。种植距离应视种植区域情况和栽种树木决定，通常为 1.8 米 × 1.8 米，种植洋槐时可以接种根瘤菌，根瘤菌有利于树木的生长，同时为加速幼株生长，可以给幼株修枝，使其尽快成林。

（2）**五味子**　泌蜜量大，花期为 5～6 月份。五味子产自辽宁、吉林、黑龙江、内蒙古、山西、河北、宁夏、山东、甘肃。通常生长在海拔 1 200～1 700 米的沟谷、山坡、溪旁，喜在微酸性的腐殖土上生长。野生植株生长在林缘、山区的杂木林中或山沟的灌木丛中，常附着于其他林木上生长。

五味子种植：五味子栽植分春季栽植和秋季栽植，春季栽植时间在 4 月初至 4 月中旬，秋季栽植时间为 10 月中旬至 10 月下旬。北方以春栽为主，便于管理，可防止冬旱死苗和冬季牲畜危害，能保证成活率和保存率，使其尽快成园。进入结果期，不仅要继续保持扩大树冠，增加结果面积，还需进行冬夏结合修剪方法，即夏剪疏除徒长枝、重叠枝、过密枝、病虫枝，继续控制基生匍匐枝；冬剪，即早春短截延长枝，进一步增加树冠面积。栽植的第 1 年应在 6 月上中旬，每 667 米^2 追施尿素 15～20 千克；2 年生应在 5 月上旬施尿素和磷钾肥各 20 千克左右；3 年生后除应追施化肥外，还需在 10 月上中旬秋施以基肥，以保证土壤的肥力。

（3）**乌桕**　泌蜜量大，花期为5～7月份。海拔每升高100米，花期推迟4～6天。乌桕树通常喜欢在温暖向阳的环境中生长，耐潮湿、耐旱且耐寒。在季风性湿润气候和湿润肥沃的土壤中长势较好。我国江西、安徽、湖南、浙江、湖北、四川、贵州、云南等省分布最多。

乌桕的种植：乌桕对土地条件要求不高，适于在短日照、高温多湿的生态条件下生长，在沙壤、黏壤、砾质壤土上都可以生长，对酸性土、钙质土以及含盐量在0.25%以下的盐碱地也可以生长，可以在水旁种植，在连续淹水1个月的情况下无异常表现。乌桕在干旱、瘠薄土壤中难于生长，通常在海拔800米以下、土层深厚而熟化、坡度不大于35°、土壤肥沃、微酸性的阳坡山地种植，江河湖岸的冲积土及渠岸是乌桕最佳的种植地。乌桕春播、冬播都可以。一般在2～3月份春播，播种45天左右可全部出苗。冬播在11～12月份，采种后即可播种，翌年春天4月中下旬出苗。乌桕的扦插方法分为两步法与一步法。两步法是在春季进行沙藏催根后，再将已经生根的插穗扦插到大田苗床上。一步法是将用激素处理后的插穗直接插入扦插基质中，处理的激素有911生根剂、IAA、NAA、GGR6、ABT生根粉等，可以选择大田苗圃土壤、珍珠岩或者砻糠灰与珍珠岩1∶3配比的混合基质作为基质。

（4）**荆条**　泌蜜量大，花期为6～8月份。荆条是生长在低海拔山地的植物，在平原地区较为少见，多生长在海拔1 000米以下的地区。荆条主产于我国北方地区，分布于华北、东北、华中、西南、西北等省（区）。内蒙古、辽宁、陕西、河北、宁夏、安徽、河南、山西、山东、甘肃及四川西北部等省（区）种植面积较大。荆条耐干旱、耐严寒、耐盐碱，也可以在瘠薄的土壤、干旱、瘠薄的沙石山坡上生长，是常见的林区灌木丛。

荆条的种植：荆条在春季和秋季都可种植，可以用直播的

方法造林，秋季进行穴状或带状整地，翌年4月份进行播种，株、行距1米×1米，每穴15～20粒。如果土壤比较干燥，最好选择在雨天过后直播，植株成活后间苗，每个植穴选留1～2株。修整荆条林，要在秋季及冬季进行挖墩更新复壮，对于生长好、林龄较小的荆条需要采取平茬措施，强度为全平，高度为5厘米；第二年继续平茬，为提高荆条林地的生产力，平茬2年后休闲2年，使林地土壤肥沃并养根。

（5）**女贞**　泌蜜量大，花期为6～7月份。女贞主要分布在长江流域以南各省（区）及甘肃南部、陕西，主要省份有浙江、江苏、湖南、广西、福建、四川、江西。

女贞的种植：采用自繁自育获得幼苗，即用扦插的繁育女贞幼苗。通常选择1～2年生的木质化枝条作插穗，用粗沙土作为扦插的基质。在移苗之前需深翻土地，保持土地平整，防治苗床高低不平。栽植时通常在阳光较弱的时间移栽，一般选择阴天的下午栽植，移栽后需立刻浇水，经过3～4天后再浇水1次。需要注意苗木种植的密度，不可过稀也不可过密，过稀造成苗木产量低，过密则易遭受病虫害。通常有两种病因，第一种是介壳虫的危害；第二种是真菌感染。对于病害需要做到以预防为主，防治结合。在夏季需要定期对苗木进行喷药防治，若较早发现苗木发病，可以选择内吸性杀菌剂进行杀虫处理，如硫菌灵、多菌灵、力克菌等。若苗木遭受介壳虫侵害，可在虫体未固定前采用杀菌剂结合吡虫啉一起使用。虫害后期可以选择保护性杀菌剂处理苗木，如代森锰锌、波尔多液等。为不使病菌产生抗药性，可交替使用保护性杀菌剂和内吸性杀菌剂。

（6）**合欢**　泌蜜量大，花期为6～7月份。适于生长在温暖湿润的环境；耐干旱、耐严寒也耐瘠薄。树皮在夏季不耐烈日，在沙质的土壤中生长较好。全国分布广泛，长江流域、珠江流域较多。

合欢的种植：合欢在 10 月份采种，翌年春季播种。经过 3～4 年后小苗主干生长达 2 米以上时，开始定干修剪工作。选上下交叉分布的 3 个侧枝作为主枝以扩大树冠。冬季短截 3 个主枝，在 3 个主枝上发展几个侧枝，交叉错落分布。如果树冠扩展过大，下端出现光秃的情况时，需立刻回缩换头，去除枯枝、死枝。

（7）火炬树　泌蜜量大，花期为 6～7 月份。火炬树分布在我国的东北南部、华北、西北，暖温带落叶阔叶林区主要城市有：北京、沈阳、太原、大连、天津、石家庄、济南、延安、德州、宝鸡、天水等，温带草原区主要城市有：齐齐哈尔、兰州、西宁、呼和浩特、银川、张家口等。

火炬树的种植：在春季或秋季种植火炬树，将 1 年生小苗按株行距 30 厘米 × 30 厘米定植后平茬，浇足量水。出苗后选生长势较好的定植，根据天气情况及时浇水。分植育苗出苗较早，根系较为发达，定植后生长较快，因此较播种育苗省水、省工，苗木生长健壮。种植树穴直径为 0.5～0.7 厘米、深 0.5～0.6 厘米，栽植的深度要超过原土 2～3 厘米。如果立地条件较好，株行距可以扩大至 2 米 × 2 米，每 667 米^2 可以栽植 168～220 株，在这种情况下，根萌蘖力很强，萌蘖苗会很快长满林地；而在干旱瘠薄条件下，萌蘖力很弱，行株距应小，以 1 米 × 1.5 米为宜，每 667 米^2 栽植 330～440 株。种植后前 3 年，每年松土除草 3～4 次，视土壤情况浇水。

（8）胡枝子　泌蜜量大，花期为 7～9 月份。分布于我国东北、华北、河北、内蒙古、西北及湖北、江西、浙江、福建等省。

胡枝子的种植：胡枝子可以在 3～4 月份树木萌芽前和草种一起进行播种，也可以在冬季将胡枝子种子撒在土壤中，冬季土壤会结冰，在春季冰解冻之后，有些胡枝子种子将会被土壤所覆盖。秋季不可播种胡枝子，因为秋季种子如果发芽到冬季会被冻

死。用条播的播种方式种植胡枝子，株行距为 10 厘米 × 10 厘米，覆土深度一般都在 2 厘米左右，不可过厚。最好选择排水良好的地域播种。

3. 秋季蜜源植物

（1）**五倍子** 泌蜜量大，花期 7～9 月份。我国主要产地为四川、贵州、重庆、陕西、湖北、湖南、云南、广东、广西、福建、安徽、江西及河南等省（市）。

五倍子的种植：五倍子的寄主植物是盐肤木，由于盐肤木种子的蜡壳厚，所以在春季播种前需先用草木灰进行擦蜡处理，然后在室外露天埋藏处理 1 个月以上，再进行播种。春秋在平整的土地上开沟条播，覆土厚 0.6～0.7 厘米，在温度 17℃～23℃、湿润的条件下，15 天左右可以出苗，苗出齐后，需间苗、中耕除草和施肥。待小苗长高到 25 厘米时即可在春季雨天或秋季移栽。如需移植，产区可选择株高在 100～200 厘米的大苗栽种。种植五倍子应注意老树与新树的更新，对幼树进行培育保护，发展繁殖幼苗，更换老树。

（2）**栾树** 泌蜜量较大，花期为 8～9 月份。栾树产于我国北部及中部，北自东北南部，南到长江流域及福建，西到甘肃南部及四川中部均有分布，而以华北较为常见。多分布于海拔 1 500 米以下的低山及平原，最高海拔可达 2 600 米。复羽叶栾树产于我国中南及西南部，多生于海拔 300～1 900 米的干旱山地疏林中，在云南高原常见，分布于滇、黔、川、鄂、湘、浙、赣及粤桂北部。

栾树的种植：栾树为亚热带及温带树种，喜湿润温暖气候，在碱性与微酸土壤中均可生长，根系较长，萌蘖性较强，可以用分蘖繁殖或播种的方式种植。栾树树干往往较为弯曲，分栽后可选择平茬养干的方法使苗干平直，1 年生苗高可达 85～100 厘米。苗木通常需经过 2～3 次移植，每次移植时需适当剪短

主根和粗侧根，以促使其多发须根，这样定植后苗木容易成活。栾树的适应性较强，对水湿、干旱及风雪都有一定的抵抗能力。栽后的管理工作比较简单。树冠具有自然整枝的性能，不必人工多加修剪，使其在自然条件下生长即可。秋天过后，将枯枝、病枝和干枯果穗去除即可。虫害有刺蛾、大蓑蛾和天牛等，较少发生。

4. 冬季蜜源植物　主要有冬桂花，泌蜜量较大，花期为1～2月份。在我国的湖南、江西、湖北、浙江、广东等省都有分布。

冬桂花的种植：冬桂花在春季2～3月播种，也可以适当提前播种。冬桂花在播种40天之后出苗，幼苗20%～30%出土时应及时分批除去覆盖物，冬桂花是耐半阴植物，幼苗期需要遮阴，可在苗床大棚上覆盖遮光率为60%的遮阳网。遮阳网的揭除时间视苗木用途而定，用作采枝的，需常年遮阴；用作绿化苗木的，翌年3月份之后撤除。冬桂花幼苗期只可以采用手工除草的办法，由于幼苗期根系分布较浅，拔草后根系易松动，应及时浇水固根。浇水可结合除草、施肥进行，一般于早晨或傍晚进行，避免在中午日照最强时浇水，浇水以苗床湿润为度。夏季干旱时，需每天浇水，防止幼苗枯死。

（二）蜂群布置

灌木高度一般在5米以下，可将蜂箱摆放在灌木林下，以避免阳光暴晒；蜂箱巢门最好向南方或东南方向，应放在通风、向阳、遮阴的地方。

进入蜜源场地后要做好紧脾工作，尽早使蜂群达到蜂脾相称。

为了提高蜂群的采集能力，通常继箱群不少于12框蜂，平箱群要多于7框蜂。继箱群巢箱放6张产卵脾、1张蜜粉边脾，

继箱放 2～3 张蜜脾，剩下的是储蜜空脾；平箱内需留有 1～2 张蜜脾，剩余的空脾和蜜脾全部拿出。

（三）关键技术

蜂场半径 3 千米范围内应至少有 2～3 个主要蜜源植物及花期交替的辅助蜜源和粉源。蜂场周边无有毒蜜源植物，并靠近清洁的水源。

组织采集群。主要流蜜期，应集中弱群的蜜蜂，组成群势强大的采蜜群，才有利于获得高产。患病群不能取蜜，应迁出蜂场隔离治疗；流蜜期不得使用抗生素、抗病毒治疗药物或治螨药物，以免污染天然成熟蜂蜜；治疗蜂病和蜂螨应选择在非产蜜期进行，治疗药物最好灌入粉脾饲喂。

注意预防胡蜂的危害。每天注意观察巢门是否有胡蜂袭扰，出现胡蜂要及时消灭，否则会招来更多胡蜂，甚至危及整个蜂场。

西方蜜蜂应注意治螨，及时脱粉取蜜。若花粉较为丰富，泌蜜量少时，可以生产蜂花粉，但要保证蜂群繁殖需要的花粉；若林木流蜜较好，可以逐渐抽走封盖蜜脾取蜜或作为蜜蜂的越冬饲料，但要确保蜂群有足够的越冬蜂蜜饲料。

及时培育蜂王。培育的蜂王可以用于更换老王，同时也能够为临时组织部分季节性双王群提供便捷的条件，使秋繁速度加快。淘汰质量差的老王改用新王过冬，或者采用新王与质量较好的老王组成双王群越冬。

注意培育越冬蜂。为了培育更多的越冬蜂，应促进蜂王产卵，在外界流蜜量较少时，要提早给蜜蜂补足饲喂以促进蜂群繁殖，做到继箱群有 7～8 张大子脾，平箱群有 5～6 张大子脾；要做好保温工作。若花期昼夜温差较大，需缩小蜂箱的通风口，并观察气温变化适当加盖棉垫或覆布以保温，同时做到繁殖区蜂

多于脾，以保证幼蜂能够正常地生长发育；利用老蜂酿制越冬饲料，避免花期结束后饲喂糖水而引起盗蜂。通过老蜂酿制蜜蜂越冬饲料不仅可以促进其过早死亡，而且能够保证后期蜂场和蜂群顺利越冬；饲喂越冬饲料，子脾完全出房后，需及时抽出多余的空脾，放入储备蜜脾，补充喂足蜜蜂的越冬饲料。

应选择没有农药、化肥污染的野生蜜源植物生产天然成熟蜂蜜，如洋槐、椴树、枣花、黄芪、荆条等。严禁利用喷撒过农药的林木生产蜂产品。

养蜂人员要勤洗澡、勤洗头、勤理发、勤换衣，取蜜时要勤洗手，严禁吸烟、喝酒，采蜜时必须穿戴白大褂、白色帽子和口罩等。

二、果—蜂模式

根据当地的气候条件和蜜源情况，种植果树为蜜蜂提供蜜粉源，蜜蜂又为果树授粉，提高果树产量、改善果品品质，这种生产模式就是果—蜂模式。可作为蜜粉源的果树有：樱桃、梨树、柑橘、枣树、龙眼、欧李、猕猴桃、苹果、荔枝、枇杷等，选择果—蜂模式的果树种植应具有一定规模面积，才有利于生产商品蜜。

（一）果—蜂模式蜜粉源植物的选择

不同品种果树泌蜜情况不一致，有的果树只有粉、没有蜜，有的果树则蜜多粉少，为确保蜜蜂有足够的食物，需要根据该区域内果树的生长情况，选择适宜当地种植、流蜜量大且流蜜稳定的果树进行栽培。同时，还要注意使每个季节都有一定规模和数量的蜜源植物，以满足蜜蜂的四季需要，并确保每年有 1～2 个主要蜜源和 2～3 个辅助蜜源。

1. 春季蜜源植物

（1）樱桃 泌蜜量大，花期3～4月份。樱桃喜温喜光，生于山坡阳处或沟边，适宜在海拔300～600米、北纬33°～39°栽培种植，在我国分布比较广泛。

樱桃的种植：适时剪截或摘心，使其多级分枝，增加枝条的数目。每年需追施化肥4～5次，最好是氮肥，同时氮、磷、钾肥需相结合。病虫对樱桃的危害要比其他果树轻一些，也需及时防治。主要虫害有梨小食心虫、毒翅蛾和红蜘蛛等。可以喷2.5%溴氰菊酯乳油1500倍液消灭这些害虫。而梨小食心虫对嫩梢危害较大，在喷药的同时还可以用黑光灯进行诱杀。去除虫梢并烧埋等方法以控制危害，也要注意防治天牛和蝉的危害。防治天牛和吉丁虫，防止人为碰伤，防治方法：早春发芽前刮除病部的死组织，涂抹5波美度的石硫合剂，然后再涂白磁漆。

（2）梨树 泌蜜量小，花粉量较大，花期为3月份。全国各省都有分布。梨树栽植前要按照已定的株行距打点，使定植点横、直、斜各成直线。

梨树的种植：梨树栽植方式根据株行距、环境条件、地形地势、树种品种、耕作要求、整形方式和管理水平来考虑。栽植时期以秋植为宜，也可11月中旬前后栽植。梨树采用深耕法或扩穴法。深耕深度在红壤、黄壤土地上，要全面深耕逐年加深。冬季，梨树落叶后休眠期进行冬季修剪；夏季，树体活动旺盛，进行夏季修剪；开张角度，拿枝整形，角度成50°～60°，改变角度，改变方位，改变强弱，改造利用。

（3）柑橘 泌蜜量大，花期为4～5月份。我国的柑橘主要分布在长江以南地区，如浙江、湖南、福建、四川、广东、广西、台湾等地区。

柑橘的种植：在土壤质地良好、疏松肥沃、有机质含量丰富的地区种植，株行距3米×3.5米，每667米²种植60～70株，

种植时，先挖定植穴，穴长 60 厘米、宽 40 厘米、深 40～60 厘米，将苗木的根系和枝叶适度修剪后放入穴的中央，舒展根系、扶正、压实，使根系与土壤充分接触。埋土后在树苗周围做直径为 1 米的树盘，浇足量水定根，栽植深度以根茎露出地面 5～10 厘米为最佳。柑橘在开花期对水分要求敏感，若遇干旱季节，需立刻覆土、浇水 1～2 次，下雨时要及时排水，修剪断根。

（4）龙眼　泌蜜量大，花期为 3～4 月份。主要分布在广东、广西、海南、台湾、福建等地，四川、海南、贵州和云南省也有少量栽培。龙眼是亚热带果树，在高温多湿的地区长势较好，温度是影响桂圆生长、结实的重要因素之一，通常在年平均温度超过 20℃的地区，龙眼生长发育良好。其耐旱、耐瘠、耐酸，在红壤丘陵地、旱平地生长良好。

龙眼的种植：龙眼种植不宜过密，春、夏、秋季都可种植，春天定植最好。施肥后如果遇到干旱，应浇水促进肥料的吸收利用。秋季修剪是全年最重要的修剪，要注意修剪工作要求在短时间内完成，修剪量取决于修剪时间和植株生长势；在每次新梢萌芽发生长初期，及时剔除分枝过多的嫩梢，新梢变绿老熟时剪去过密的枝条和一些残枝弱柳，此时应当轻剪。秋梢生长期会经常遇旱，应当及时浇水和覆盖保证秋梢生长期的水分供给。在新梢生长期喷次农药保护嫩梢，末次秋梢生长期不一致，应当定期喷药护梢。

2. 夏季蜜源植物

（1）猕猴桃　泌蜜量较大，花期为 5～6 月份。主要分布在秦岭以南及横断山脉以东的大陆地区，猕猴桃适宜在土层深厚、保水排水良好、肥沃疏松的沙质壤上生长。对土壤酸碱度的要求并不是很严格，但在酸性或微酸性土壤中的植株生长良好，pH 值适宜范围为 5.5～6.5。在中性或微碱性土壤上也可以生长，但幼苗期经常会出现黄化现象，生长比较缓慢。

猕猴桃的种植：栽植可在3月上中旬进行。栽植时，每隔两行两株定植雄株作授粉树，雌雄比例为8∶1，也可在雌株上高接一部分雄株作授粉用。大面积栽培宜用篱架，定植穴要求深、宽各1米，施足基肥，行株距3米×4米为宜。每隔4米立一水泥支柱，地面以上高2米，埋入土中80厘米左右，柱上横拉铅丝3根，绑缚各级枝蔓。采用东西行向，以起遮阴作用。大多数猕猴桃种类喜欢半阴环境，对强光照射较为敏感，自然光照强度在40%～45%为宜。幼苗期喜阴，还需适当遮阴，尤其是新移植的幼苗更需遮阴。其适宜的年平均温度为11.3℃～16.9℃，不同种需要的适宜温度范围不同，超过这个范围则不能生存或生长不良。

（2）**苹果** 泌蜜量较大，花期为5月份。在辽宁、河北、山西、山东、陕西、甘肃、四川、云南、西藏等地都有分布。

苹果的种植：培养新的枝组时，要经常采取疏后留前、去老留幼的修剪手法，进行更新交替式的修剪。每年秋季挖环状或放射状施肥沟将肥料施入，幼树15～25千克/株，翌年5月下旬结合浇水再普施基肥，以不断提高土壤肥力，增加土壤有机质的含量，土壤有机质达到3%以上，可连年持续稳产优质，无大小年结果现象。全年浇水4～5次，分别为花前、花后、果实膨大期、秋旱期和越冬水。

（3）**枣树** 泌蜜量大，花期为6～7月份。以山东、河南、河北、陕西和山西较多。

枣树的种植：枣树的最佳栽植时期是萌芽期，扩穴可在树冠的外围或定植穴外围，挖深30厘米、宽40厘米的环形沟，经风化后再填平，可结合施肥、填草，增强肥力和土壤通透性。每年枣园需施肥2～3次，第一次施肥在4月上中旬，每株施土杂肥30～50千克，掺碳酸氢铵0.5千克，以促进抽枝、展叶和花蕾形成；第二次施肥在5月中下旬盛花期，每株施尿素0.5千克，或者结合喷药，喷施1%～2%的尿素溶液，提高坐果率；第三

次施肥在 7 月下旬到 8 月上旬，每株施入土杂肥 40～50 千克、混入速效氮肥 1 千克。

（4）**欧李** 泌蜜量较大，花期为 6 月份。主要分在我国西北、华北等地。

欧李的种植：从母本植株上采下枝条，剪成带 4～5 个叶片的短枝条，插条长度为 7～10 厘米，插入深度为 5～8 厘米。为提高生根率，需对插条的基部进行药剂处理，常用的药剂有吲哚丁酸、萘乙酸或其他生根剂。处理的方法可采用高浓度速蘸法，浓度在 1 000 毫克 / 千克，处理时间一般为 5 秒钟左右。也可采用低浓度慢浸法，浓度在 100 毫克 / 千克，处理时间一般为 2～11 小时。处理好的插条，应立即插入到插床上。插后注意喷水保湿，一般扦插成活率在 90% 左右。栽前对苗木根系最好进行修剪，将所有侧根重新剪出。

3. **秋季蜜源植物** 枇杷，泌蜜量大，花期为 10～12 月份。枇杷喜温暖湿润气候，在年平均气温 15℃ 以上，喜温暖湿润而阳光充足的气候和肥沃、排水良好的土壤。主要分布在四川、湖北、江苏、云南等地。

枇杷的种植：枇杷定植密度宜选择株距 3.5～4.5 厘米、行距 4.5～5 厘米，定植翌年去除直立中心干，封行前可于空地间种豆科作物等绿肥，开花结果时开沟翻埋土中。当行间草高达 40 厘米以上时，人工或机器除草 1 次。

4. **冬季蜜源植物** 荔枝 泌蜜量大，花期为 1～4 月份。主要分布在广东、广西、福建、台湾、海南等地。

荔枝的种植：荔枝种植在腐殖质肥沃土壤里流蜜量较大。种植密度适宜、阳光充足的流蜜量较大。壮年树流蜜量较大，老、幼年树流蜜较少。第一次秋梢开始萌发时，进行第一次修剪，先剪去下垂枝、病虫枝、树冠外围过密的枝条。要求修剪后枝条分布均匀，阳光透过树冠，其次对结果的果枝进行短剪，剪

去开花结果的龙头枝桠及过长的结果枝。当第一次秋梢长 10 厘米时，进行定梢，每枝留 1～2 枝，其余抹去。第二次萌发时，再疏剪细弱的枝条。

（二）蜂群布置

蜂群应放置在树冠较大的果树下，中蜂群应分散布置，西蜂群可适当密集放置，蜂箱适当垫高，巢门向南或东南方向。

流蜜期，西蜂单王群，巢箱放 8 张脾，继箱放 7 张脾；西蜂双王群，巢箱和继箱各放 8 张脾，其余各类巢脾的布置与单王群的布置一样。巢箱中放虫脾、卵脾、粉脾和空脾，继箱放蜜脾和封盖子脾。

在果树开花前期组织采集群，将一强两弱的 3 群蜂作为 1 组，强群放在中间作为主群，2 个弱群放在强群的两边作为副群。在大流蜜期，移除 2 个副群，让它们的外勤蜂投入到主群之中。主群可根据蜂量的多少叠加继箱，移走的副群因为哺育蜂并未削弱，仍然繁殖正常，可为下一个蜜源采蜜创造良好的条件。

（三）关键技术

根据当地的气候和蜜源特点，引进或培育适合当地条件的优质蜂王，以培育后代，培育出优质高产的蜂王。

根据果树的蜜粉情况，对流蜜好的果树，生产优质蜂蜜；对蜜少粉多的果树，应采集花粉。

由于果树会经常使用农药，要注意对蜂群的保护，如关闭巢门、搬离果林等，避免农药中毒。

有的果树流蜜期短或受外界气候条件影响大，因此，果树开花前，应组织群势强大的采集群。

果树蜜香味浓郁、品质优良，如荔枝蜜、柑橘蜜等在市场上

价格高、需求大。因此，应生产优质成熟蜜，以提高养蜂收入。

树林需要管理和施肥，林间人员活动频繁，要防止蜜蜂蜇人，又要注意尽量减少对蜜蜂采集活动的影响。

三、林—草—蜂模式

即在"林—蜂"模式的基础上，在林下种草，特别是种植牧草等蜜源植物，如三叶草、苜蓿、紫云英等，为蜜蜂提供更多的蜜粉源，既可获取更多的蜂产品，又能为农民养殖牲畜提供牧草，实现多种收入，以获得更大的经济效益。

（一）林—草—蜂模式中蜜粉源植物的选择

蜜源林的选择与"林—蜂"模式一致。林间所种的草建议最好种植开花牧草，既可作为养蜂的蜜源，又能作为牲畜的饲料。可用作蜜粉源的花草有：三叶草、苜蓿、紫云英、轮叶党参、苕子、野坝子、荞麦、大豆、蚕豆等。

1. 三叶草　花期为5～6月份，泌蜜量大。对土壤要求不严，可适应各种土壤类型，在偏酸性土壤上生长良好。喜温暖、向阳、排水良好的环境条件，在我国分布广泛。

三叶草的种植：三叶草生活力强，植株矮而匍匐，耐刈割，又具自播能力，所以覆盖效果好。由于有固氮能力，对肥料要求不多。但在久旱不雨时，要注意及时浇水抗旱。种植三叶草，首先应平整土地，在土地翻耕前10天喷洒除草剂，减少杂草的生长，只要气温不低于3℃，即可进行播种，播种前须将草种均匀混合在细碎的土壤中，用撒播法播种，使种子分布均匀，播种后可以不必覆盖土层，但必须用无纺布覆盖，然后喷水湿润土壤表层。三叶草苗期生长缓慢，草坪建成以前的管理至关重要。每天早晨或傍晚进行喷洒，始终使坪床表面保持湿润直至出苗。三叶

草坪建成后，由于其侵占性强，不需要进行中耕除草。施肥以磷、钾肥为主，不施或少施氮肥。在生长旺季和越冬时，要供给充足的水分，以保证旺盛生长和安全越冬。

2. 苜蓿　花期为 5 月份，泌蜜量大。主要分布在我国东北、西北、华北等地。

苜蓿的种植：苜蓿种子细小，苗期生长缓慢，因此播前需要精细整地，做到深耕细耙、上虚下实，并保持土壤水分。整地深度一般不要超过 12～18 厘米，翻耙压要连续作业。翻耙时间，秋天为最好，因早春风大，易造成春旱，不利保墒。播种前还要根据田间杂草的多少进行除草。除草的时期最好在草刚刚长出不久，这时杂草容易消灭。种子播种前放在碾米机里过几次再进行播种。加强田间管理工作，加强除草及培土。

3. 紫云英　花期为 2～6 月份，泌蜜量大。在湿润且排水良好的土壤中生长良好，最适宜生长的土壤含水量为 20%～25%，土壤以质地偏轻的壤土为主。紫云英现分布于我国东北北部、西北及西南地区。

紫云英的种植：紫云英是喜温暖湿润、怕渍水作物，要在红花草播种前晒好田，以免播种时种子陷入泥中，影响出苗及种子发芽。另外，结合晒田应开好腰沟和围沟，沟深 15～17 厘米，沟宽 23～25 厘米，以利排水，促进种子发芽扎根。一般在秋分前后，根据不同熟期的品种，分期播种，要求在 9 月底至 10 月初播完，具体可在晚稻齐穗期即收获前 25 天左右播种，用种量一般为 30～75 千克/667 米²，以品种、土壤、前作物和种子质量等情况具体决定。播前种子要经晒种、碾种、浸种处理。清沟排水，保持土壤干爽。立春后及时清好厢沟，加深腰沟和围沟，做到雨停沟干田面无积水。春暖后紫云英茎叶生长快，需肥量大，要及时追施肥料。

4. 轮叶党参　花期为 7 月份，泌蜜量小。最适生长在海拔

300～900米的灌木林中，分布在我国东北及河北、山西、山东、河南、安徽、江西、湖北、江苏、浙江、福建、广西等地。

轮叶党参的种植：轮叶党参播种时横向开沟，行距15～20厘米，沟宽3～4厘米、深2～3厘米，将种子均匀撒在沟内，种子间距1厘米，每667米^{2}用种170克左右，覆土1～1.5厘米，稍加镇压。播后20天左右即可出苗，期间拔掉杂草和病、弱苗。当年苗高20～30厘米，要视生长状况搭架。一般多采用床畦栽植，床畦做好后，横着床畦的走向开出定植沟，沟深20厘米左右，沟的行距在25～30厘米。然后将幼苗依次摆入沟内，似栽葱样，株距10厘米。盖土，厚度以幼苗顶端有3厘米的覆土为宜，在其上盖草遮阴。定植后立即浇水。每667米^{2}可栽植幼苗30～40千克。

5. 苕子　花期为3～6月份，泌蜜量大。苕子耐寒、耐旱、耐瘠薄，适应性强。主要分布于江苏、广东、陕西、云南、贵州、安徽、四川、湖南、湖北、广西、甘肃等省（区），新疆、东北、福建及台湾等省（区）也有栽培。苕子因种类和地区不同，开花期也不尽相同。气温20℃开始泌蜜，泌蜜适温为24℃～28℃。蜜、粉丰富。

苕子的种植：苕子适应性强，喜温耐寒，在干冷干燥的地域生长良好。具有较强的抗寒性，能耐 –30℃的低温，最适生长温度为20℃左右。苕子对水分要求比较高，年降水量在550～850毫米时生长良好，如果其生长地区土壤较为肥沃，降水量低于500毫米也可以良好地生长。种子成熟时，干燥的气候有利于苕子成熟。喜光，阳光充足时生长健壮。对土壤要求不严格，轻度盐渍化土壤、东北的白浆土、江南的红壤/轻度盐渍化土壤都能够生长，但以沙壤土为最好，适宜的土壤为pH值5.6～7.6。耐盐碱，在土壤含盐量为0.4%、pH值为8.6的盐碱土壤上仍能生长良好。

6. **荞麦**　花期5～9月份，泌蜜量大。抗性强，适应能力强，在我国各地都有分布。

荞麦的种植：荞麦对土壤要求不高，在气候适宜的地区，即使土地贫瘠也可种植，但有机质丰富、养分充足、结构良好、通气性好、保水力强的土壤中荞麦长势良好。荞麦的播种通常以春、秋深耕为主，最好早耕。深耕时间越早，吸收水分越多，土壤的含水量高，土壤的养分含量也高。荞麦吸收氮、磷、钾的比例和栽培条件、数量与土壤质地、收获时间及气候特点有关，但在高寒山地和贫瘠土地中、干旱瘠薄地中增施肥料，尤其是增施氮、磷肥是荞麦高产的必要条件之一。

7. **大豆**　花期7～8月份，泌蜜量大。大豆在我国分布较为广泛，主要分布在东北三省，黄河流域、长江流域、江南各省及两广、云南地区都有分布。

大豆的种植：种植密度需根据种植地区的具体情况而定，通常同一个品种在寒冷地区种植宜稀，在温暖地区种植宜密。采用平播的方式栽培，行距30～40厘米，均匀种植。大豆易受害虫的侵害，主要有大豆线虫、地老虎等，应加强大豆对磷、钾的吸收，并及时喷药杀虫。

（二）蜂群布置

蜂群应放在大树下，遮阴向阳的地方；蜂箱应适当垫高，以免牧草阻挡蜜蜂飞行和蟾蜍危害。

根据蜜源分布布置蜂群，蜜源集中的地方应适当多放置些蜂群。

林地一般海拔较高，要注意避风。

流蜜期，西蜂双王群应具有16框以上的蜜蜂，其中子脾9～12框，并且封盖的子脾应在8框以上，卵、虫脾在2框以上。若达不到该群势，需从其他弱群中提出带幼蜂的封盖子脾补足。

（三）关键技术

要根据林木的流蜜情况，种植流蜜量大而稳定的牧草，确保蜜蜂周年的蜜粉源供应。

在防治林木病虫害时，要尽量避免使用高毒农药和杀虫剂等，以免引起蜜蜂中毒死亡。

在严寒的冬季要注意给蜜蜂保暖，防止蜜蜂受冻，以免影响蜜蜂越冬和春季的快速繁殖。

适当调整蜂箱巢门宽度，使蜂群保持适宜的温湿度；要及时消除"分蜂热"，对已有"分蜂热"的蜂群，进行脱蜂全面检查，去除自然王台，抽出封盖子、加入虫卵脾；必要时，进行人工分蜂。

林草地蜜蜂的敌害较多，要经常进行检查，尤其注意防治蚂蚁、胡蜂和蟾蜍等敌虫害的危害。

四、果—草—蜂模式

采用套种模式，利用果树下的空地种植开花牧草，不仅可以为农户提供优质的饲草，也能为蜜蜂提供蜜粉源。形成牧草和果树为蜜蜂提供蜜粉源，蜜蜂又为果树和牧草授粉；既能提高果树的产量和果品品质，又能增加牧草和蜂产品产量。同时，牧草还能饲喂牲畜，获得更多的牲畜产品。最终实现养殖上畜产品和蜂产品双丰收、种植上水果和种子双丰收的多赢局面。

（一）果—草—蜂模式蜜源植物的选择

果树一般选择樱桃、梨树、桃树、杏树、柑橘、荔枝、板栗、猕猴桃、龙眼、芒果、芭蕉、柿树、苹果、枇杷、枣树等，牧草一般选择紫云英、苜蓿、三叶草、苕子、野坝子、荞麦、大

豆、蚕豆、茴香等。

1. 金银花 花期为 4～6 月份，泌蜜量大。金银花适应性比较强，对土壤要求不高，但喜在肥沃、湿润的深厚沙质的土壤中生存。我国金银花的种植区域主要集中在湖北、广东、江西、陕西、河北、河南、山东等地。

金银花的种植：栽植后前 3 年每年中耕除草 3 次，展新叶时进行第一次，7～8 月份进行第二次，秋末冬初霜冻前进行第三次。每年施肥 2 次，一般都是结合中耕时进行施肥。每次每株施复合肥 100 克左右。修剪是能使金银花多长花的关键技术之一。金银花如果让其自然生长，其枝条则会攀附着它物不断延长，整个植株不能直立，这样分枝不多，导致开花也不多，且有时不便摘花；金银花是喜阳植物，其接受阳光多，开花就多。

2. 党参 花期 7～8 月份，泌蜜量小。主要分布在我国东北、华北、西北部分地区。党参的繁殖可育苗移栽，也可直播。

党参的种植：在当年秋季或翌年春季进行移栽。秋栽土壤封冻之前完成，春栽土壤化冻后进行为好，一般在 3 月下旬至 4 月下旬。在高寒地区，由于气候寒冷，冬季要注意防寒，特别是在昼夜温差大、早春缓阳冻较为严重的地区，要做好防寒工作。秋季当植株枯萎后，搂除残茎，做好隔离层，然后盖防寒土或防寒物，预防冻害。翌年春季苗返青时撤去。

3. 野坝子 花期为 10～12 月份，泌蜜量大。生于海拔 1 300～2 800 米的山坡草丛、灌丛中、路旁。主要分布于云南、贵州、四川等，其中以云南的大理和楚雄两州面积最大，泌蜜量最多。野坝子在西南地区的林间广泛分布，野生居多，是一种极好的秋、冬季蜜源植物。

4. 杏树 花期为 3～4 月份，蜜、粉较多，在全国各地都有分布。

杏树的种植：杏树是耐瘠薄、耐旱，喜光照的树种，花期

易受晚霜危害。因此，应选在背风向阳、地势较高、排水良好、土层深厚的土地种植。选择 80 厘米以上、根系完整无根瘤、主干有 4 条根以上、须根多、无大的机械损伤、嫁接口愈合完好的幼苗种植。种植密度为 1～2.5 米 × 3～4 米，定期施肥。

5. **板栗**　花期为 5～6 月份，泌蜜量大。多生于低山、丘陵、缓坡及河滩地带，广泛分布在河北、山东等地。

板栗的种植：板栗对气候土壤条件要求不高。其适宜的年平均气温为 10.5℃～21.7℃，若温度太高，会导致板栗生长发育不良；气温太低，会使板栗遭受冻害。种植板栗应选择地下水位较低，排水良好的沙质壤土。种植密度根据种植区域决定，一般为每 667 米^2 30～60 株，适时施肥，基肥可以以土杂肥为主，以便改良土壤，增加土壤的保水、保肥能力，提供较为全面的营养元素，促进板栗的生长。

6. **芒果**　花期为 1～3 月份，泌蜜量大，分布在广东、广西、台湾、福建、海南、云南及四川等地。

芒果的种植：芒果生长要求年平均温度 20℃以上，最低月均温 15℃以上，芒果主要为无性繁殖，也可以实生繁殖。嫁接的方法有劈接、盾状补片芽接和枝腹接等。芒果种子易丧失发芽率，取出新鲜的种子应及时洗净果肉、晾干即剥壳催芽。播种芒果种子可在树荫下铺沙床，沙床高 15～20 厘米，把去壳的种仁种腹向下，依次排列在沙床上，行距 4～5 厘米，之后盖上细沙、淋水并保湿，经 10～15 天发芽出土。当催芽的种子芽长 10～15 厘米，叶片未开展前移苗。苗距 22 厘米 × 20 厘米，每 667 米^2 可育 6 000～8 000 株，自沙床上全根起苗，保持种仁完整，主根长 10～15 厘米，栽植深度如原苗，栽后淋定根水。

7. **芭蕉**　花期为 8～9 月份，泌蜜量少。芭蕉分布于上海、浙江、湖南、湖北、云南、贵州、陕西、江苏、四川、广西等地，生长于海拔 500～800 米的地区，常生长在河谷、村边及山坡林缘。

芭蕉的种植：选用阴凉、潮湿、肥沃的地方种植，整地时要把土刨松，把土块打碎，以便栽植后促进茎蔓延，及时串土生长。芭蕉分蔸移栽通常在深秋至翌年早春进行，分蔸时应在已生长 5 年以上的芭蕉林中，选择当年发出的新蔸茎。移栽时每窝栽植的蔸茎数要因地块制宜，通常每穴栽 2～3 个；在洼地每穴栽 1 个即可，因为洼地阴凉潮湿、水土条件好，植株易长大。栽植时要把蔸茎直立放在事先已挖好的栽植穴内，放好后用较细碎的猪、牛、羊粪拌少量肥土填盖即可。

8. 柿树　花期为 6～7 月份，泌蜜量少。除黑龙江、吉林、宁夏、内蒙古、青海、新疆、西藏等地以外，其他地区均有分布，其中以黄河流域的陕西、河南、山西、河北、山东 5 省栽培最多。

柿树的种植：柿树的繁殖主要用嫁接法，从优良品种的母株上，选择一年生的秋梢或当年的春梢，粗 0.3～0.5 厘米、芽子充实饱满的枝条作插穗。生长季节嫁接所用的接穗，需剪去叶片，保留部分叶柄，取中段，用湿布、湿草保护，严防风吹日晒，尽量做到随采随接。柿树的嫁接方法很多，春季枝接可采用切接、劈接和腹接。

9. 茴香　花期为 6～7 月份，泌蜜量小，分布在台湾、福建、广东、广西、云南、贵州等地。

茴香适应性强，生长期短，3～9 月份均可播种，栽培，宜平畦种植。播种前先把种子浸泡 24 小时，然后用手将种子揉搓并淘洗数遍至水清为止，将湿种子摊放在麻袋或草席上，放阴凉处稍晾一下后催芽。茴香通常采取湿播法播种，播前先浇底水，水渗下后均匀撒播并覆土，茴香叶面积小，很适合密植，每 667 米² 播种量 3～5 千克。如果播干种子，播种后要注意勤浇小水，保持畦面湿润以利幼芽出土，若出苗期间水分不足，易发生缺苗现象。幼苗出土后，生长缓慢，田间易滋生杂草，应注意及时除

草，苗期不宜过多浇水，可保持畦面见干见湿。

10. **藿香**　花期为 6～9 月份，泌蜜量大，分布在台湾、广东海南和广州、广西南宁、福建厦门等地。

藿香的种植：用扦插繁殖，生产上采用直插法和插枝育苗移栽法。直插法：宜选取温暖多雨季节，选生长旺盛、粗壮、节密、生长期 4～5 个月的植株，取中部茎的侧枝，长 20～30 厘米，用手将枝条自茎上轻轻折下，使插枝附有部分主茎的韧皮组织。采苗时一般自茎基部逐层分次向上采取，每隔 15～20 天采 1 次。采下的苗应置于阴凉处，并要随采随种。插枝育苗：即将鲜枝条插于苗床上，待长根后再移栽大田。其方法及时间与直插法同。枝条插在苗床后，早上搭棚遮阴，晚上揭开，冬季应昼夜搭棚防霜害。每日早、晚各浇水 1 次。插后 10 天左右发根。可施稀人粪水 3～4 次，20 天后除去遮蔽物，1 个月后即可定植。

（二）蜂群布置

蜂群一定要放在树冠较大的果树下，利用树枝为蜂群遮阴，尽量不要放在草丛中和低洼处，避免潮湿积水。

根据所种牧草的高度，将蜂箱垫高离地 20～50 厘米，以利于蜜蜂的飞行即可。

中蜂应分散布置、西蜂可适度密集放置；如果果场面积较小，可将蜂群放置在果场的中心；如果果场面积较大，应将蜂群分散均匀放置在林场内。

（三）关键技术

①必须全面了解果林和牧草的流蜜情况，在大流蜜期用王笼把蜂王囚禁起来，限制蜂王产卵；大流蜜时，才能调动所有采集蜂采蜜，以增加蜂群产量。每次囚王的时间应根据当前蜜源流蜜时间的长短和与下一个蜜源的间隔而定。

②种植的果树和牧草要保证蜜蜂四季都有蜜源采集，使其花期尽量重合，并尽量拉长全年流蜜的时间和流蜜量，以获得较多的蜂产品。

③由于果树和牧草的品种较多，要避免流蜜期为果树或牧草使用农药和杀虫剂，同时还要考虑施药后农药和杀虫剂的残效期。

④有的果树粉多蜜少，因此在实际生产中，可根据蜂群情况适时生产蜂花粉，提高蜂产品收入。

第七章
蜜蜂病虫害防治技术

　　蜜蜂在长期进化过程中，形成了固有的生物学特性，对周围的生物和非生物因素具有一定的适应性。如果周围因素发生剧烈变化，其影响超过蜜蜂蜂群和个体的适应与调节能力的最大限度，那么蜜蜂的正常代谢就会遭到干扰和破坏，其生理功能或组织结构、行为就发生一系列的病理变化，表现出异常、病态甚至死亡。

　　引起蜜蜂发病的原因通称为病原，包括生物因素与非生物因素，生物因素主要是病毒、细菌、真菌、原生动物、昆虫、螨类、线虫等。非生物因素主要为食物、机械损伤、理化因素伤害等。引发蜜蜂疾病的原因十分复杂，蜜蜂个体小，免疫功能不健全，受外界因素影响较大，很容易染病，有时多种病害还可同时发生；同时，蜜蜂又是营群体生活的昆虫，一旦有少数蜜蜂感病，很容易传染给其他蜜蜂或整个蜂群，甚至在蜂场间传播和流行。因此，做好蜜蜂病虫害的防治工作是养蜂生产的重要前提。

一、蜜蜂病虫害的防治原则

根据蜜蜂病害的发生发展规律，在蜂病的预防与治疗上，要坚持以下几个基本原则。

（一）预防为主

首先，要注意蜂场的卫生。蜂场应保持清洁、干燥，在蜂群进场前，进行彻底消毒处理，平时也要做好定期消毒工作；其次，做好蜂箱内的清洁卫生。要经常清扫蜂箱，扫除死蜂和蜡屑，堵好蜂箱的缝隙和漏洞；再次，蜂机具消毒。在每年春季蜂群摆放好后和晚秋蜂群进入越冬期之前，对所有的蜂箱蜂机具都要进行一次彻底的消毒处理。此外，还要经常观察蜂群的健康状况，若发现患病蜂群应立即进行隔离治疗，以免疾病传播蔓延，对其他蜂群进行普遍性预防给药治疗 1～2 次。

（二）综合治疗

由于病害的发生和流行常常是由多种因素综合作用的结果，因而必须采取综合的措施，才能收到较好的效果。综合治疗措施要坚持"两个结合"，即将药物防治与消毒措施结合起来，将药物防治与加强饲养管理措施结合起来；另外，加强选育抗病的优良蜂种也非常重要。

（三）对症下药

不同的蜂病是由不同的细菌、病毒、真菌等病原引起的，不同药物的治疗作用也不相同，所以在蜂病防治上对症下药是提高药效的关键。否则，蜂病不但得不到有效治疗，还有可能引起其他副作用或者疾病的发生，甚至污染蜂产品。如磺胺和抗生素

类药物一般情况下只能适用于细菌性病害的治疗，而盐酸依米丁、灭滴灵只用于原生动物所引起病害的治疗等。

二、蜜蜂病虫害的预防与诊断

（一）蜜蜂病虫害的预防

1. 预防措施　一种疾病的发生和流行需要具备三方面的条件：一是要有足够数量的、具有感染力的病原物；二是要有适当的传播途径；三是要有易于感染的宿主，也就是供病原侵染、寄生并繁殖的机体，对于蜜蜂而言就是要有易感染的蜂群。

科学有效的蜂病预防措施如下：

① 养蜂人员要注意个人卫生，注意保持蜂场和蜂群内的清洁卫生，蜂箱、蜂机具要按规定进行消毒，彻底消灭病原。

② 收野蜂，不到传染病发病区域购买或放蜂，发现病蜂群要及时隔离，有效切断病原物的传播途径。

③ 春繁、秋繁时期，饲喂蜂群清洁盐水和补充蛋白质饲料，全面提升蜂群的抗病力。

2. 预防常用药物及使用方法　一般在每年春季和秋末进行整个蜂场的预防性消毒。

（1）**蜂箱、蜂机具、巢脾消毒**　84 消毒液，杀菌用 4% 浓度、10 分钟，消灭病毒用 5% 浓度、90 分钟；漂白粉 5%～10%，30 分钟～2 小时；食用碱 3%～5%，30 分钟～2 小时。

（2）**仓库墙壁地面消毒**　石灰乳 10%～20%，注意现配现用。

（3）**细菌、真菌、孢子虫、巢虫的防治**　可用饱和盐水 30%，4 小时以上。

（4）**蜂螨、巢虫、真菌防治**　冰醋酸 8%～9%，1～5 天，10～20 毫升 / 箱；40% 甲醛 2%～4%，10～20 毫升 / 箱，注意

密封；硫磺 2～5 克 / 箱，24 小时，每次 5 个箱子。

（二）蜜蜂病虫害的诊断

1. 蜂体观察诊断法

（1）**状态**　患病蜜蜂常表现痴呆，反应迟钝，失去活力，不能起飞，神情不安，栖于一侧或在箱内外缓慢地滚爬。

（2）**头部**　健康蜂的头部活动自如。当表现摇头搔痒时，可能有蜂螨等寄生虫。

（3）**翅膀**　健康蜂四翅完整，张合自如，飞翔自由。病蜂翅膀残缺不全，或振翅颤抖，失去飞翔能力。有的幼蜂翅膀卷曲，多是患有卷翅病，翅膀残缺多由蜂螨危害造成。

（4）**脚肢**　健康蜂行动灵活，爬行迅速，如果腿脚麻木、强直失灵、爬行迟缓或不能爬行，多是患有麻痹病。

（5）**背腹**　健康蜂的背腹密生绒毛，环节能有节律地频频伸缩，色泽鲜艳，体表干燥；而病蜂的腹部表现膨大或缩小，不能自由伸缩。绒毛脱落，毛色变暗或发黑，体表湿润，有时像油浸过一样，这多是麻痹病的典型症状。

（6）**死蜂**　健康蜂一般不会死在箱内，也很少死在蜂箱周围。在越冬期如果发现箱底有大量死蜂，且蜂体颜色变暗、发软、恶臭，很可能是由于患副伤寒或失血症所引起。采蜜季节在蜂箱周围发现死蜂喙伸出，两翅后翻，腹向内弯曲，是农药中毒所致。

2. 检查子脾诊断法　健康蜂子脾房内的幼虫呈乳白色、端正而整齐地盘卧于巢房底部，无异味，变蛹后的房盖饱满，颜色淡黄。而病群的幼虫体色苍白或变黄甚至变黑，变蛹后的房盖略微下陷或有针眼样小孔，房盖颜色较深。如果幼虫多数是在封盖前死亡，有酸臭味，尸体无黏性，易从巢房内清出，封盖子脾出现"花子"现象，可诊断为欧洲幼虫腐臭病；如果幼虫多数是在

封盖后死亡，有鱼腥臭味，尸体有黏性，不易从巢房内清出，可诊断为美洲幼虫腐臭病；如果死亡幼虫头部上翘，用镊子将尸体夹起，整个幼虫像一个小囊袋，里面充满颗粒和乳白色液体，无臭味，即可诊断为囊状幼虫病。

三、蜜蜂主要病害的防治方法

在病害防治上，要根据实际情况，兼顾产品生产和经济成本，同时还要考虑产品质量等因素，选择恰当的防治方法。不同类型的病原选择不同的防治方法。要根据各类病害的病原特征、发生规律，同时考虑蜜蜂生活的特点和饲养条件，通过病情分析，寻求清除病原物有效方法。以经济、安全、有效为出发点，确定不同的防治策略，采取有效的综合防治措施。

（一）白垩病

该病危害面广，很难彻底根治，且在条件适宜时蔓延速度快，能导致大幼虫及封盖的幼虫死亡，死虫表面布满白色的丝状菌，慢慢变成疏松的石灰状硬块，颜色由灰逐渐变黑，防治较困难。该病是养蜂业最具威胁的病害之一。

该病的发生特点：一是白垩病一般在4～5月份发病，6～7月份趋于严重，8月份阴雨天气多，病情较严重；二是蜂场地势低洼、低温、潮湿、阳光不足、通风不良，这是诱发白垩病的重要原因；三是箱内饲料缺乏、蜜蜂稀疏、哺育蜂工作不积极、幼蜂体质差、个头小、抗病力弱；四是患病幼虫、死亡幼虫、被污染的饲料和病脾、蜂群互盗导致蜜蜂相互感染。

因此，在春末秋初或夏季潮湿多雨时，最容易发生此病。此外，蜂群缺蜜，群势弱小，放蜂场地潮湿均易发生此病。浆蜂抗白垩病能力差，东北黑蜂、喀蜂、原意、本意抗白垩病能力较强。

1. **病原**　白垩病又叫石灰质病，是一种由蜜蜂真菌引起的幼虫传染病，主要以病菌孢子和子囊孢子入侵幼虫肠腔吸取其营养，并分泌毒素，从而导致幼虫组织细胞分解，患病幼虫呈深黄色，最后因菌血症而死亡。工蜂及雄蜂幼虫均可感病，雄蜂幼虫尤为严重。

白垩病是通过子囊孢子传播的，流行主要受温、湿度两种因素的制约。当巢内温度下降到30℃左右、空气相对湿度在80%以上（储蜜含水量高于22%）时，病菌子囊孢子会迅速生长，引起发病。

2. **诊断**　患病幼虫通常在封盖2天后死亡。最初感病的幼虫呈绒线状膨胀，病虫成为无头白色幼虫，体色与健康幼虫相似，体表尚未形成菌丝；患病中期，幼虫柔软膨胀，腹面长满白色菌丝；患病后期，整个幼虫体布满白色菌丝，虫体开始萎缩并逐渐变硬，似粉笔状。死虫尸体有白色和黑色两种。工蜂常把这种干尸咬碎拖出巢房，常见箱底和巢门外有石灰块状病死虫尸体；如果封盖未被工蜂咬开，当振动巢脾时，会发出"咯哒、咯哒"的响声。

实验室诊断：挑取少量幼虫尸体的表层物放置载玻片上，滴入一滴蒸馏水，盖上盖玻片后，用低倍显微镜观察，若发现有白色似棉花纤维状的菌丝或有呈球形的子囊孢子时，即可诊断为白垩病。

3. **防　治**

（1）**预防**　蜂群应安置于干燥、通风、向阳的地方，保持蜂场清洁、干燥，并及时清理蜂场内外的杂草、树枝、垃圾等杂物，蜂场前后经常泼洒石灰乳消毒。春繁前，用硫磺或40%甲醛溶液彻底消毒蜂箱、蜂巢、饲槽、隔板等；在春、夏、秋多雨季节，要将患病蜂群内所有病虫脾及发霉变质的蜜粉脾取出，更换清洁的蜂箱和巢脾供蜂王产卵；调整巢脾，保持蜂多于脾；患

病蜂群生产的花粉、蜂蜜应禁止再次饲喂其他蜂群；另外，可在箱底或箱壁撒一些石灰粉或 10 克食盐或 12 克左右的大碱。

　　换下的巢脾用二氧化硫（燃烧硫磺）密闭熏蒸消毒 4 小时以上，可按每 10 张巢脾放入硫磺 3～5 克计算，也可用 4% 甲醛溶液消毒巢脾，浸泡 24 小时或喷脾再密闭 48 小时。

（2）药物治疗

① 中草药药方

　　金银花 30 克，蒲公英 20 克，连翘 30 克，川芎 10 克，甘草 6 克，一剂药煎 3 次，每次煎药汁 500～600 克，配成药糖浆，根据群势强弱定量于傍晚饲喂，连续 4～6 次，每剂可喂 15 群蜂。

　　黄柏、苦参、红花、大青叶各 15 克，大黄 20 克，黄连 20 克，甘草 10 克，将上述中草药连续 3 次煎汁，配成浓药糖浆，可喷脾或晚上饲喂，连续数次。

　　鱼腥草 20 克，蒲公英 20 克，金银花 8 克，山海螺 8 克，桔梗 6 克，筋骨草 6 克，甘草 6 克，煎汁配成药物糖浆可饲喂20～30 群蜂。

　　大黄、薄荷、硫磺、黄连、滑石粉均匀粉碎成细粉状撒在蜂路中和箱底上，5～7 天撒 1 次，连续 3～4 次。

　　黄连 20 克、大黄 20 克、黄柏 25 克、苦参 15 克、红花 15 克、大青叶 20 克、蒲公英 15 克、甘草 10 克，加水 1 000 毫升微火煮至 300 毫升倒出药汁，再加 200 毫升水熬 15 分钟后倒出药汁与第一次药汁混合喷脾，或按药汁:糖 ＝1:1 的比例喂蜂，每群50～100 毫升，连续 3～4 次。

　　大蒜汁，将紫皮大蒜 100 克切碎加 10 克盐捣成蒜泥（越碎越好），再用凉开水浸 20 分钟，滤去蒜渣，将 100 克蒜汁加入1 500 克糖浆或蜜水中饲喂，也可用大蒜汁加到喷雾器中对蜂群上梁蜂脾及隔板喷洒，效果佳。大蒜捣成蒜泥只能用凉开水浸泡，水过热会降低大蒜素的功效，饲喂时必须将糖浆或蜜水晾凉

后再加入大蒜汁。大蒜汁配制要适度，大蒜汁过浓蜜蜂不接受，过稀效果不佳。预防蜂病每月 1 次，治疗蜂病时每 3 天喂 1 次，3 次为 1 个疗程。

石灰水，用澄清的石灰水喂蜂，将 5 千克生石灰（不宜用散灰，要用块灰）对水 10 升，化开后搅匀，静置 8～24 小时，取澄清液拌入饲料中或用作饮水喂蜂，或选用大黄苏打片；一个 10 框群每夜可用石灰水 0.25 千克左右或大黄苏打片 1 片化开均匀拌于饲料糖中。

② 化学药物防治

优白净，将药液做 10 倍稀释，抖落巢脾上的蜜蜂喷脾，每脾约 10 毫升，每天喷喂 1 次，用药 2 次停 1 日，再用药 2 次为 1 个疗程，间隔 4～5 天，再做第二个疗程防治，病幼虫可得到治愈。

灭白垩一号，一种高效杀真菌药剂。用法：取药 1 包（3 克）用少量温水溶解，加 50% 的糖水 1 升充分搅匀，喷喂 40 脾蜂，每 3 天喷 1 次，连续用药 4～5 次为 1 个疗程。

灰黄霉素，用 0.1% 灰黄霉素水溶液喷雾施药，再将溶液混合于糖浆（每千克糖浆加 0.1% 灰黄霉素 5 毫升）饲喂，每 3 天喂 1 次，连喂 3～4 次。

白垩清，将 5% 白垩清配 800～1 000 克稀糖液，喷大幼虫脾，隔日 1 次。

杀百灵，每包药用 500 克糖水稀释，摇匀后喷病蜂及巢脾，使蜂体湿润，每个巢脾 10～15 毫升，隔日 1 次，连续 5 次为 1 个疗程。治愈后隔 15 天再巩固用药 2～3 次。

制霉菌素片，春繁期间饲喂人工花粉时，每千克经灭菌的人工花粉或天然花粉中添加磨细的制霉菌素片 15 片，实行预防性喂药；发病时，每升清水中加磨细的制霉菌素片 15 片，对子脾喷雾，喷到蜂体表面呈雾湿状时为止，每 3 天喷 1 次，3～4 次为 1 个疗程；同时，也可在饲喂蜂群的糖水（浓度 50%）中，每升糖

水加制霉菌素 0.5 片，3 天喂 1 次，连用 5 次，采蜜期停用。

在 1 000 毫升清水中加入大黄苏打片 5 片、兽用氧氟沙星 3 克，再加入 1：1 的糖浆水 1 000 毫升，拌匀，每天傍晚每群饲喂 100～150 毫升，每天 1 次，连喂 7 天为 1 个疗程，1～2 个疗程可基本治愈。

（二）美洲幼虫腐臭病

美洲幼虫腐臭病分布极广，几乎全世界所有国家都有发生，给养蜂业带来了严重的经济损失，其中以热带和亚热带地区发病较重。该病发生后，蜂群群势快速下降，并且迅速传染，感染美洲幼虫腐臭病的蜂群如果没有得到及时治疗，会导致整个蜂群死亡，对蜂产品质量安全也会产生影响。该病多发生在意大利蜂等西方蜜蜂，西蜂蜜蜂比东方蜜蜂易感，中蜂尚未发现感染此病。

1. 病原　病原体为幼虫芽孢杆菌，是一种芽孢形式的革兰氏阳性细菌。病原菌只有它的芽孢具有感染力，并且这种芽孢能留在养蜂用具和巢脾上永久存活。孵化 24 小时的幼虫最易受感染，2 日龄以后的幼虫则不易受感染，因此蛹和成蜂也不受感染。

2. 诊断　该病多流行于夏、秋季节，潜伏期为 7 天左右，主要是老熟幼虫或蛹死亡。患病幼虫多在封盖后死亡，染病子脾表面潮湿、油光，房盖下陷，后期房盖穿孔，巢脾上出现空巢房与卵房、幼虫房、封盖房相间排列的"插花子脾"；从穿孔蜂房中挑出幼虫尸体进行观察，幼虫尸体呈浅褐色或咖啡色，幼虫体呈黏稠状，具有黏性、可拉丝，有特殊鱼腥臭味；同时，虫体不断失水，最后干瘪，形成典型的硬黑色的鳞片，紧贴在巢房下侧难以清除；如蛹期发生死亡，则在蛹房顶部有蛹头突出，死蛹吻向上伸出如舌状，出现蛹舌现象，由此即可确定美洲幼虫腐臭病。

微生物学诊断：采用细菌学检查，挑取蜜蜂幼虫尸体少量，进行涂片镜检。如发现有较多的单个或呈链状排列的杆菌及芽孢

时，则可进一步用芽孢染色进行镜检，如发现多数椭圆形游离芽孢时，即可确诊。

牛奶凝聚试验：取新鲜牛奶2～3毫升，放于试管中，再挑取幼虫尸体或分离培养的细菌少许，加入试管中，充分混合后，加热到74℃。在40秒钟内如牛奶凝聚，则为美洲幼虫腐臭病；健康幼虫需要13分钟才会产生凝块。

3. 防　治

（1）**预防**　对于患病蜂群，必须进行隔离，严禁与健康蜂群混养；对于其他健康蜂群还须用药物进行预防性治疗。

对患病较轻的蜂群，可采用人工清巢，方法是用镊子将病幼虫连同茧衣一起清理出来，并用棉花球蘸取0.1%新洁尔灭或75%酒精溶液清洗巢房1～2次；对于病重群（一般烂子率达10%以上者），必须进行彻底更换蜂箱和巢脾，同时将蜂王关闭起来，使巢内出现短暂的断子期，并加强药物治疗；对久治不愈的重病群，为了防止传染其他蜂群，应采取焚烧处理的办法。

（2）**药物治疗**　每千克1∶1糖浆加四环素10万～20万单位；每千克1∶1糖浆加土霉素10万单位；每千克1∶1糖浆加磺胺类（磺胺噻唑钠2毫升针剂或0.5克片剂）1克。上述三种处方，任一药物与糖浆调匀后，按每框蜂25～50克的剂量饲喂，每隔3～4天喂1次，连续3～4次为1个疗程，至症状完全消失为止。但一定要在采蜜期前2个月进行治疗，以免污染蜂蜜。

（三）欧洲幼虫腐臭病

欧洲幼虫腐臭病又叫烂子病，又称"黑幼虫病"，是蜜蜂幼虫的一种恶性、细菌性传染病，世界同各国均有发生。该病传播速度快、危害性大，一旦发病，巢内幼虫不断死亡，出房新蜂减少，新老蜂换代脱节。群势下降，往往造成蜂群春衰，严重影响春季养蜂收入。在中蜂上发生较为普遍，而西方蜂种较少发生。

1. **病原** 致病菌有多种，革兰氏阳性细菌，主要有蜂房链球菌、蜂房芽孢杆菌以及蜂房杆菌，其中以蜂房链球菌为主要致病菌，菌体呈梅花络状（披针形），因无鞭毛而不活动，这些病菌主要通过蜜蜂相互接触而传染。蜜蜂幼虫为主要感染对象，各龄及各个品种未封盖的蜂王、工蜂、雄蜂幼虫均可感染，尤以1～2日龄幼虫最易感，成蜂不感染。东方蜜蜂比西方蜜蜂易感，在我国以中蜂发病最为严重。

蜂房蜜蜂球菌主要是通过蜜蜂消化道侵入体内，并在中肠腔内大量繁殖，患病幼虫可以继续存活并可化蛹。但由于体内繁殖的蜂房蜜蜂球菌消耗了大量的营养，这种蛹很轻，难以成活。患病幼虫的粪便排泄残留在巢房里，又成为新的传染源，内勤蜂的清扫和饲喂活动又将病原传染给其他健康幼虫。通过盗蜂和迷巢蜂可使病害在蜂群间传播，蜜蜂相互间的采集活动及养蜂人员不遵守卫生操作规程，都会造成蜂群间病害的传播。

该病全年都可发生，多发于春季和秋季，在气温较低、保温不足、蜂群较弱、粉蜜源缺乏情况下容易发病和加重病情。尤其在蜂群春繁时期，由于阴雨天多、湿度较大、温度较低、因而发病快而严重。

2. **诊断** 欧洲幼虫腐臭病发生的先决条件是群势弱，蜂巢过于松散、保温不良、饲料不足，蜂房蜜蜂球菌快速的繁殖，导致该疾病的暴发。

（1）**临床诊断** 欧洲幼虫腐臭病多发生在早春，1～2日龄的幼虫感染后，经2～3天潜伏期，多在3～4日龄未封盖时死亡；病虫失去珍珠般的光泽成为水湿状、水肿、发黄，体节逐渐消失，有些幼虫体卷曲呈螺旋状，有些虫体两端向着巢房口或巢房底，还有一些紧缩在巢房底或挤向巢房口；腐烂的尸体稍有黏性但不能拉成丝状，具有酸臭味；虫尸干燥后变为深褐色，用镊子很容易将病虫夹出，易被工蜂消除，所以巢脾会出现"插花子

脾"，蜂群群势越来越小。

（2）实验室诊断

① 微生物学诊断

革兰氏染色镜检：挑取可疑幼虫尸体少许涂片，用革兰氏方法染色、镜检。若发现大量披针形、紫色、单个、成对或成链状排列的球菌，可初步诊断为该病。

致病性试验：将纯培养菌加无菌水混匀，用喷雾方法感染1～2天的小幼虫，如出现上述蜜蜂欧洲幼虫腐臭病的症状，即可确诊。

② 显微镜诊断　挑出已移位、扭曲但尚未腐烂的病虫，置载玻片上，用两把镊子夹住躯体中部的表皮平稳地拉开，将肠中内容物留在载玻片上，里面有不透明、白垩色的凝块。挑出凝块，按细菌染色法染色，观察可见大量病原菌。

③ 血清学诊断　用预先制备好的欧洲幼虫腐臭病的兔抗体血清与病幼虫提取液进行沉淀反应。若在1～2分钟，在血清和提取物的界面上呈现浅蓝色的浑浊环即为阳性反应，确诊为欧洲幼虫腐臭病。

3. 防　治

（1）预防　春季注意合并弱群，做到蜂多于脾；彻底清除患病群的重病巢脾，同时在春繁前期外界无新鲜粉蜜源时，及时补充蛋白质饲料和维生素C、B族维生素等，通过补充蜜蜂营养，增加体力，提高抗病能力。

对病轻的蜂群，蜂场周围如有良好蜜源，病情会有好转，也可采用抖落脾上的蜜蜂后剔除病虫的方法进行治疗；患病严重的蜂群，应先给病群更换蜂箱和饲槽，对换下来的蜂箱、巢脾、饲槽等全部用4%甲醛溶液进行彻底消毒处理；再更换产卵力强的新蜂王，补充卵虫脾，并进行药物治疗。

（2）药物治疗

盐酸土霉素可溶性粉：每群 200 毫克（按有效成分计）与 1∶1 糖浆适量混匀饲喂，隔 4～5 天喂 1 次，连用 3 次，采蜜前 6 周停止喂药。

土霉素、链霉素、四环素等：早春喂花粉时，将 10 万单位土霉素或链霉素、5 万单位四环素对在 1 千克调制好的花粉中，做成花粉条喂蜂，防治欧洲幼虫病发生，可以避免污染蜂产品。

用上述药物对水 2 升带蜂喷脾（只喷病群的子脾），2 天喂 1 次，2～3 次可治愈欧洲幼虫病。

用上述药物量对 1 千克糖浆，按每框蜂 25～50 克剂量饲喂蜂群，每隔 3～4 天喂 1 次，连续喂 3～4 次。每次要少喂，以减少对蜂产品的污染。

蒜醋溶液：将 1 千克大蒜头捣烂成泥，然后加入等量的用粮食酿制的米醋（不宜用化学醋）搅匀后浸 24～36 小时。在 1 千克糖浆中加入蒜醋溶液 60～100 克喂蜂。每晚喂 1 次，连喂 4 次。隔 3～4 天再连喂 4 次，直至痊愈为止。

（四）囊状幼虫病

囊状幼虫病又称"尖头病"、"囊雏病"，是囊状幼虫病毒引起的一种蜜蜂幼虫恶性传染病，多流行于夏、秋高温季节，其危害大、传染快，蜂群患病后轻者影响繁殖和采集，重者会造成全场蜂群覆灭，对养蜂业造成严重影响；该病在世界范围内均有发生，西方蜜蜂对该病的抵抗力较强，感染后常可自愈；东方蜜蜂对该病的抵抗力弱，传播速度快，危害大，发生较普遍。

1. 病原　蜜蜂囊状幼虫病病原是蜜蜂囊状幼虫病毒，病毒在成蜂体繁殖，特别是在工蜂的咽下腺和雄蜂的脑内积聚，染病幼虫在封盖前一直保持正常的状态，直到前蛹期死亡。蜂群中带病毒的成蜂是病害的传播者，而被污染的饲料（蜜、粉）是病害

传染的来源，但病毒的传播途径较为复杂。

按病毒传播的范围来看，可以把其传播途径大体归纳为蜂群内传播、蜂群间传播、蜂场间传播和地区间传播4个途径。病毒在蜂群内的传播途径为病死幼虫以及被污染的饲料（蜂蜜和花粉）、巢脾和蜂机具，当患病蜂群内工蜂在清理病死幼虫尸体时感染病毒，带毒的工蜂则成为病毒的传播者，在饲喂幼虫时，便可将病毒传播给健康幼虫，使其发病；病毒在蜂场内蜂群间的传播途径为病毒通过蜜蜂在采集活动中的相互接触传染给健康蜂群，或者病毒通过蜂场上的盗蜂和迷巢蜂以及巢脾的相互调动等活动进行传播；蜂场间病毒的传播一般是由于从病区引入带病蜂群或蜂王引起本地蜜蜂患病，或者发病区的蜜蜂转地饲养导致本地蜜蜂发病，或者由于购买了被病毒污染的饲料，引起全场蜜蜂发病；而蜜蜂囊状幼虫病在地区间的传播则是由于转地放蜂、购买带毒蜂王及购买被病毒污染饲料引起，地区间传播发病一般是在很多地区同时发病，危害更大。

2. 诊　断

（1）**临床诊断**　该病最易感染2～3日龄幼虫，幼虫感染初期，无明显症状，体色呈苍白色，在巢内和蜂箱前可看到拖出的病死幼虫；染病幼虫在封盖前死亡后头部上翘，体表失去光泽，呈浅黄褐色，巢脾中出现"白头蛹"现象；表皮增厚，逐渐变软呈袋状或囊状；染病幼虫在封盖后死亡后巢房下陷，中间穿孔，子脾中出现"花子"或埋房现象；蜂尸不腐烂，没臭味，逐渐干枯呈龙船状鳞片，易被工蜂清除；成年蜂感染本病后一般不表现出临床症状。

（2）**实验室诊断**　对成年蜂感染及蜂群隐性感染的诊断只能依赖荧光定量聚合酶链式反应（PCR）等实验室诊断方法。

这种方法是依据TaqMan荧光标记探针技术原理，针对蜜蜂囊状幼虫病毒保守序列，设计出一对特异性引物和一条探针，而

建立的一种快速检测蜜蜂囊状幼虫病毒的诊断方法。此方法对蜜蜂囊状幼虫病的检测具有较好的特异性，与蜜蜂急性麻痹病毒、蜜蜂慢性麻痹病毒、蜜蜂残翼病毒和黑蜂王台病毒之间均无交叉反应。检测灵敏度很高，可对低病毒含量的样品进行准确检测。重复性和稳定性试验结果显示其具有较好的重复性和稳定性。此方法适用于蜜蜂及其制品中蜜蜂囊状幼虫病毒的快速诊断。

3. 防　治

（1）预　防

① 严格消毒　在蜂场及四周用 5% 漂白粉液或 10%～20% 石灰乳定期喷洒，保持蜂场清洁；蜂尸及其他脏物清扫后要烧毁或深埋；定时刮除巢框及蜂箱内的蜡屑、胶残物，并对蜂箱、蜂机具进行严格消毒处理。

② 加强饲养管理　稳定巢内温度，在晚秋和早春加强保温，以减少蜂群内温度变化的幅度，避免蜂群受冻、保持蜂脾相称或蜂略多于脾，以提高蜂群的抗病力，减少病害发生。

留足饲料，为保证蜂群正常生活和幼虫发育正常，要保持群内蜜、粉充足，尤其在蜂群大量繁殖期间，应补充营养物质如花粉、维生素，以增强蜜蜂对疾病的抵抗力。

及时"三换"，一是及时更换清洁蜂箱，治疗期间 5 天一换箱；二是及时更换新脾，老巢脾经过几代工蜂的孵化，巢脾上留有茧衣，使巢房眼缩小，这样的巢脾培育的工蜂个体小，更换新脾后，病群要及时换入健康蜂群蜜脾及正常子脾，抽掉烂子脾；三是及时更换新王，蜂群病情缓和后，立即换上无病群新王。

③ 选抗病蜂种　培育或购买优良抗病种王，做到早养王、早分蜂、早换王，及时淘汰病群蜂王和雄蜂。

（2）药物治疗

① 中草药药方

黄连 50 克，黄芩 100 克，茵陈 100 克，蒲公英 100 克，紫

草 50 克，煎汁对 1∶1 糖水，喷子脾或直接饲喂，秋繁时需一直喂到蜜脾封盖。

茯苓 500 克，紫草 500 克，板蓝根 500 克，金银花 500 克，紫花地丁 500 克，枯矾 250 克，黄柏 250 克，罂粟壳 250 克，利福平胶囊 200 粒，加工成粉末，用双层螺纹纱布或丝光袜子装药剂，将药粉撒在子脾上，7 天 1 次，连续 3 次为 1 个疗程，可防治 600 脾蜂。

虎杖 10 克，罂粟壳 6 克，山豆根 10 克，甘草 5 克，贯众 10 克，小火煎药，去渣，混入 1 500 毫升白糖水中调匀，每日傍晚给每群蜂喂 50 毫升，直到痊愈；再用此药巩固治疗 20 天，可防治此病复发；早春趁巢内无子时，用此药预防 10 天，可减少该病的发病概率。

天丁 100 克，紫花地丁 100 克，铧头草 200 克，仙鹤草 100 克，夏枯草 100 克，均为鲜草药，微火熬煎。用药汁喷子脾或加糖饲喂，7 天为 1 个疗程，间隔 2～3 天，用药 1 个疗程，可控制该病的发生。

复方南刺五加：干的南刺五加 100 克，虎杖 70 克，南天竹 50 克，树舌 20 克，水煎 2 次，取 2 次煎汁之和，预防用药可治 100 脾蜂，初秋和早春连续喂 7 天，平时每 15 天连续用两晚；作治疗药可用于 50 脾蜂，每晚 1 次，10 天为 1 个疗程，病情未愈，可连续用药 3 个疗程。药汁喷脾比饲喂要好，饲喂的药汁中，须加适量蜜或糖。煎药用品以陶瓷罐为好，药物加水量为每剂用水 500 毫升，或视水略高于药面也可。煎药时注意加盖，先用大火，继以小火，煎 1 小时左右。药汁如久储，须加尼泊金乙 0.03% 以防腐。

贯众、苍术、罂粟壳各 50 克，青木香 30 克，甘草 20 克。水煎取汁对糖喂服，可治 10 框病蜂。

贯众 50 克，金银花 50 克，延胡索 20 克，甘草 10 克，黄连 5 克（按照 1∶1 加糖可喂 40～50 群蜂）。

　　贯众、金银花、半枝莲、野菊花、蒲公英、大青叶各适量煎水对糖，加维生素、多酶片各 3 片连续喂蜂 4～5 次。

　　② 蜂产品防治

　　蜂王浆，对患病率在 40% 左右的蜂群（2～3 脾蜂），可采用饲喂蜂王浆的方法进行治疗，每脾蜂按 10 克蜂王浆和 10 克蜂蜜用量，调匀后直接喷在蜂脾上，让蜜蜂自由采食，每日傍晚饲喂。连续喂 5 次，可见到明显的效果，喂 12 天后，患病率可降低至 10%；此后不再喂蜂王浆，2 个月后症状基本消失，并可逐渐发展成强群。

　　蜂胶液，将已封盖的患病子脾全部削去，留下未封盖的卵虫脾和蜜脾，然后用蜂胶液对工蜂、卵、幼虫及蜜脾进行喷雾。凡脾上有卵和幼虫的部位用药量增大 1 倍，每脾用药量为 1.5 毫升，2 天喷 1 次，连续喷 4 次。此后改为 7 天喷 1 次，连续喷 3 次即可，整个疗程共 28 天（切记时间不可错，喷药时间为第 1、3、5、7、14、21 和 28 天）。预防可每月用蜂胶喷脾 1 次即可达到效果。

　　蜂胶液的配备：1000 毫升 75% 酒精加入 120 克蜂胶摇匀，48 小时后，可得所需蜂胶饱和液，将上层澄清液倒入喷雾器喷脾。

　　③ 化学药物防治

　　盐酸金刚烷胺粉，每千克 50% 的糖水加盐酸金刚烷胺粉（13%）2 克饲喂，每群 205 克，3 天 1 次，连用 6 次，采蜜期停用。

　　中囊灭，将中囊灭制剂 25～30 克倒入大口玻璃瓶内，瓶子直径为 50～60 毫米，瓶口必须用塑料纱封口，再用 24# 铅丝扎紧，防止工蜂钻入瓶内。按意蜂标准箱可放 1～2 个瓶子，蜂群强要少放，必须留空处将瓶放入箱内，也可将蜂夹在中间，隔板外各放 1 个瓶子，巢门可缩小为 20～30 毫米，另在箱的纱盖下盖上一张大于箱体的塑料纸，可让药不挥发而起到最佳灭毒作用。

　　中囊灭一般放入箱内 10～30 天，预防中囊病在箱内放

10～15 天即可，还可将中囊灭倒入瓶内密封保管备用。

病毒灵 15 片、维生素 B_1 20 片、维生素 C 10 片，将药碾成细末，用双层纱布或丝袜包好抖撒于巢脾上，一般在傍晚外勤蜂回巢后施药。

撒药粉时兼喂拌药糖浆，半枝莲、干草各 50 克，煎 3 次滤液 500 毫升，加白砂糖 500 克，喂蜂 10～15 框。

（五）蜜蜂孢子虫病

蜜蜂孢子虫病是成年蜜蜂的一种原生动物传染病，又称微粒子病，是由蜜蜂微孢子虫引起的成年蜂常见的消化道传染病，是目前世界上流行最广泛的蜜蜂成虫病，以欧美国家发生最为严重，国内亦广泛流行。

蜜蜂孢子虫病是西方蜜蜂的常见病，一年四季都可发生，但以早春最为多发，晚秋次之，夏、秋季则发病较少；患病蜜蜂寿命缩短，采集力下降，可造成严重的经济损失，大多数蜂场都不同程度地有此病发生，且很难根治。但由于各蜂场在四季管理、预防治疗等措施方面的差异，发病程度各有不同，重者削弱群势，影响蜂产品生产。

1. 病原　蜜蜂孢子虫病病原是原生动物的蜜蜂微孢子虫，在蜜蜂体外蜜蜂微孢子虫以孢子形态存在。

微孢子虫是一类专营细胞内寄生的、原始的真核寄生虫，分布广泛，不同种寄生不同动物，对昆虫、鱼类、人类等几乎所有动物都有影响。蜜蜂微孢子虫在蜜蜂中肠上皮细胞内生长、繁殖、破坏肠道正常功能，发病轻微时症状不明显，加上蜂场不具备确诊病原的条件，蜜蜂孢子虫病常被忽视。孢子虫最适宜的温度为 30℃～32℃，高于 36℃和低于 12℃时，孢子停止发育。

蜜蜂孢子虫病仅危害蜜蜂成蜂，对幼虫和蛹都不致病。雌性蜂比雄性蜂尤其是蜂王易感。患病蜜蜂是此病传播的根源。病

蜂体内孢子虫随粪便排出体外，污染巢脾、蜂蜜、蜂箱、蜂机具、场地和水池等；当健康蜜蜂在吸取蜂蜜等食料或与患病蜜蜂互相喂食时，孢子虫的孢子通过健康蜂的口器进入中肠，形成孢子虫。孢子虫在中肠上皮细胞内进行繁殖，经几个发育阶段又形成孢子，然后随粪便排出体外，并继续传播蔓延。

蜂群间的传播，通常由迷巢蜂和盗蜂引起。将病群的蜂合并到健康群，或用病群中的饲料喂健康蜂，或将病群用过的巢脾、蜂箱等未经消毒就给健康蜂群使用都能造成蜂群间的传播。

2. 诊　断

（1）**临床诊断**　患病蜜蜂腹部膨大，寿命缩短，群势减弱，采集力下降，时常在巢内、蜂箱前壁、巢门前下痢。蜂王受到感染时产卵力下降，机体功能衰弱，寿命只能维持2～4个月。

患病蜜蜂中肠病理变化比较明显，如发现患孢子虫病的可疑蜂群，可以取新鲜病蜂数只，剪去头部，用镊子或手夹住蜜蜂尾部末节拖拽取出蜜蜂中肠。健康蜜蜂正常中肠粉红色至淡棕色，有明显环纹；病蜂中肠膨大，呈乳白色，环纹不清，失去弹性和光泽，即可初步确定为孢子虫病。

（2）**实验室诊断**　镜检是比较准确的鉴定方法。在巢门口抓取30只采集蜂，取腹部放入研钵中加蒸馏水研碎，加30毫升水制成悬浊液，取10微升或1滴置于血球计数板或载玻片上，盖上盖玻片在400～600倍光学显微镜下观察，若发现有大量长椭圆形、带有淡蓝色折光性的大米粒状孢子，即可确诊为孢子虫病。

3. 防　治

（1）**预防**　使蜂群储备充足的优质越冬饲料和良好的越冬环境，绝对不能用甘露蜜越冬；越冬室温度要保持在2℃～4℃，并且干燥，通气良好。

早春时节，选择气温在10℃以上的晴朗天气，让蜂群做排泄飞行；要把蜂群放在向阳、高燥的地点，保持环境安静，及时更换老、劣蜂王；春繁时，花粉等饲料要进行高温蒸汽消毒（不少于10分钟）或者熏蒸消毒，对病群的蜂箱、蜂机具和巢脾要及时进行清洗与消毒，可用80%醋酸液熏蒸的方法。

（2）药物治疗

酸饲料：酸饲料对控制此病效果较好，1千克糖浆或蜜水中加1克柠檬酸或50毫升米醋，每群每次喂0.5千克，隔5天喂1次，连喂5次。也可用山楂片加10倍水煮沸去渣加等量的白糖混溶。每群每次喂200～400克，隔3日1次，连续喂3～4次。

甲硝唑片：在每千克的酸饲料中加入10片甲硝唑，可喂10框蜂，每隔3～4天喂1次，连续3～4次。

爬蜂净：将5克/袋的爬蜂净对入1:1的糖浆中进行饲喂，每天1次，3～4次为1个疗程。

保蜂健：用温水将该药溶解后加到稀糖水中，待傍晚蜜蜂回巢后进行喷喂，每隔3～4天1次，连续3～4次为1个疗程，间隔10～15天再进行第二疗程，直到治愈。

每千克1:1糖水中加灭滴灵2～4片，或乌洛托品1克，按每框蜂20～50克糖水的剂量喂蜂，每3天喂1次，连喂3～4次为1个疗程。

（六）蜜蜂螺原体病

蜜蜂螺原体病是西方蜜蜂的一种由螺原体引起的成年蜂传染病，分布较为广泛，在欧洲、美国、中国均有发生，主要危害青壮年蜂。转地放蜂的蜂场发病率高、病情严重；定地饲养的蜂场，病情较轻。

1. 病原　蜜蜂螺原体病病原是螺原体，病原菌呈螺旋状的丝状体，无细胞壁，菌体直径约0.17微米，长度随生长期有很

大变化。一般初期为单条螺旋丝状，做螺旋式运动，后期则较长，出现分枝并聚团，菌体上有泡状结构，螺旋性减弱。该病通过消化道侵入蜂体引起蜜蜂死亡。在蜂群内，被污染的饲料和蜂机具是该病的传染源。

蜜蜂螺原体病主要发生于早春，4～5月份及8月上中旬为发病高峰期，较少单独感染蜜蜂，而常与其他病害如孢子虫病、麻痹病等混合发生，病情较重，死亡率较高，群势下降严重。

2. 诊　断

（1）临床诊断　患病蜜蜂爬出箱外，在地面上蹦跳爬行，失去飞翔能力，行动迟缓，往往聚集在草丛和低洼处，三五只蜜蜂聚集在一起，不久死亡；死蜂大多双翅展开，吻伸出，发病严重时，不仅青壮年蜂死亡，而且刚出生不久的幼年蜂也爬出箱外死亡。

由于这种病与其他蜂病并发，对蜂群危害更大，患病蜜蜂消化道变化不尽相同，有的中肠膨大呈灰白色，有的缩小呈褐色，后肠有的充满稀黄色粪便，有的充满浑浊水状液。病情有急性型和慢性型两种。

急性型：蜂箱周围死蜂多，中肠膨大呈灰白色，充满浑浊水状液，群势迅速下降。

慢性型：蜂腹部膨大，足、翅颤抖，不断有蜂爬出箱外，先爬行后死亡，群势上不去，即所谓见子不见蜂。

（2）实验室诊断　取病蜂5只，放在研钵内，加无菌水5毫升，研磨、匀浆，放入离心机，1000转/分离心5分钟，取上清液少许涂片，置暗视野显微镜下放大1500倍观察，螺原体形态清晰可见。若发现晃动的小亮点并拖有一条丝状体在原地旋转，即为蜜蜂螺原体，从而可确诊此病。

3. 防　治

（1）预　防

① 加强饲养管理　保持蜂群内有充足的优质饲料，越冬饲

料要求质优量足。春季注意对蜂群保温并做到通气良好，以防止巢内湿度过大，秋季对巢脾和蜂机具进行消毒。

② 选育抗病蜂种　淘汰抗病力差的蜂种，选育抗病力强的蜂群培育新蜂王，饲养强群，增强抗病力，更换陈旧巢脾和老弱蜂王。

（2）药物治疗

将醋酸 10 毫升、病毒灵 2 片，加入 1 千克糖浆中，每群每天喂 250 克糖浆，连续饲喂，直到痊愈。

用大黄苏打片 5 片，研细加入 1 000 毫升 1：1 糖浆中，每群蜂 100 毫升，3 天喂 1 次，连续喂 5 次，喷脾治的效果更好。

米醋 50 毫升，灭滴灵 1 克，氯霉素 20 万单位，研磨成粉，加入 1 千克 1：1 的糖水中，充分搅匀，每蜂群喂 250 毫升。

病毒灵 20 片，醋酸 10 毫升，四环素 20 万单位，加糖水 1 千克，每蜂群喂 200 毫升。

大蒜 100 克，甘草 50 克，白酒 200 毫升浸泡 15 天，取上清液加糖水 10 千克，每蜂群喂 200～250 毫升。

（七）蜜蜂败血症

蜜蜂败血症是一种急性传染病，发病较快，传播迅速，死亡率高，多发于春夏季，特别是气温突然下降的情况下容易发生，发病严重时，3～4 天可使整群蜜蜂死亡。该病在世界许多国家都有发生，在我国仅个别蜂场有零星发生。

1. 病原　病原为蜜蜂败血杆菌，是一种多态型杆菌，具周生鞭毛，不形成芽孢。该菌为兼性需氧菌，生长要求最适温度为 20℃～37℃，对不良环境抵抗力较差，在蜜蜂尸体里可存活 1 个月，在潮湿的土壤里能存活 8 个月以上。经甲醛蒸气处理，7 小时可杀死，在 100℃条件下，仅 3 分钟就杀死。

蜜蜂败血杆菌主要是通过蜜蜂节间膜或气门侵入体内。蜜

蜂败血杆菌广泛分布于污水及土壤中，由于蜜蜂经常在污水沟、畜棚或厕所附近采水或盐，极易沾染病菌并带入蜂群，通过接触传染。

蜜蜂败血病的发生与季节及气候变化关系较密切。该病多发生于春夏季，秋季很少发生。发病的适宜条件是高温和潮湿，多雨季节、蜂箱内湿度过大以及饲料品质较差的情况下，易发病。

2. 诊　断

（1）临床诊断　患病蜂大多是幼年蜂。病蜂烦躁不安，不取食，不能飞；腹部膨大，体色发暗，有时出现肢体麻痹、腹泻等症状；患病严重的蜂群，可在蜂箱底或巢门前看到大量死蜂及病蜂排泄的粪便，并发出恶臭气味；死亡的蜜蜂，尸体肌肉迅速腐烂变软、发黑，在潮湿的环境下，尸体出现肢体关节分离，即死蜂头、胸、腹、翅断开；病蜂的血淋巴呈乳白色，浓稠状，胸部气孔变成黑色。

（2）实验室诊断　取可疑为患败血症的蜜蜂数只，解剖腹部观察，病蜂肠道呈灰白色，其内充满深褐色稀糊状粪便；然后去掉头部，取胸部肌肉 1 块，用镊子轻轻挤压，或用解剖剪剪去病蜂后足胫节，将流出的血淋巴涂于载玻片上，在 1 000～1 500 倍显微镜下观察，若发现血淋巴呈乳白色浓稠状，并可观察到较多短杆菌时，即可确诊为败血症。

3. 防　治

（1）预防　选择地势高燥、背向阳光、空气流通的地方作为放蜂场地，场内常年设置饮水器，以防止蜜蜂采集污水感染病菌。患病严重的蜂群要进行换箱换脾，将未封盖的蜜脾撤出，换下来的蜂箱要进行严格消毒，放蜂场地应经常用卫鹏菌毒清或生石灰进行喷洒消毒。

春季奖励饲喂时，在饲料中添加 EM 健蜂高产活菌液，可增强蜂群对该病的抵抗力。

发病季节，在 1∶1 的糖浆中添加 0.3%～0.5% 卫鹏菌毒清或百菌杀对蜜蜂败血病具有很好的预防和治疗效果。

（2）药物治疗

① 中草药治疗

黄连 15 克，黄芩 10 克，黄柏 10 克，甘草 5 克，加 500 毫升水煎至 200 克，对蜜脱蜂喷脾，隔天 1 次，连续 3 次，或药汁与糖按 1∶2 的比例混合饲喂也可以。

黄连 20 克，黄柏 20 克，大黄 15 克，穿心莲 30 克，金银花 30 克，茯苓 20 克，麦芽 30 克，龙眼 3 克，五加皮 20 克，蒲公英 10 克，野菊花 15 克，青黛 20 克加水 3 000 毫升，煎 0.5 小时后倒出药液，再加 3 000 毫升水，用微火煎 15 分钟后，倒出第一次药液混合，药汁与糖按 1∶2 的比例混合，可喂 40～50 群蜂，3 天喂 1 次，4 次为 1 个疗程。

② 化学药物治疗

每千克糖浆内加入土霉素或氯霉素 10 万单位，每框蜂饲喂药物糖浆 50～100 毫升，每 4～5 天 1 次，连续 3～4 次为 1 个疗程。

每千克糖浆（糖水比 1∶1）中加磺胺噻唑钠 1 克，调匀后喂蜂或喷脾，用量按每框蜂每次 50～100 克计算。每隔 3～4 天喂 1 次，可连续 2～3 次。

每千克糖浆（糖水 1∶1）加入林可霉素 10 万～20 万单位，调匀后，喂蜂或喷脾，每隔 3～4 天喂 1 次，连用 3 次。

每群每次用 0.025 克诺氟沙星饲喂或者喷脾，隔日 1 次，连用 5～7 次为 1 个疗程。

（八）蜜蜂麻痹病

蜜蜂麻痹病又叫黑蜂病、瘫痪病，是一种成年蜜蜂传染病。这种病传播快，病情重，比较顽固，难以治疗，在我国发生十分

普遍。从发病程度来看，一个地区，甚至一个蜂场发病情况差异也较大，发病轻微的病群，有时仅有少数病蜂出现，蜂群经转地后，遇到较好的蜜源条件，往往可以暂时自愈，但遇到适宜的发病条件时，病情仍会复发；重者蜜蜂大量死亡，每日每群死亡蜜蜂数百至数千只，蜂群群势快速下降，有的甚至整群蜂死亡，导致蜂场破产。因此，该病不仅直接影响蜂蜜和王浆的产量，降低养殖收入，而且会严重阻碍蜂产业发展。

从全国该病的发病情况看，一年之中有春季和秋季两个发病高峰期，发病时间由南向北、由东向西逐渐推迟。在我国南方麻痹病最早出现在 1～2 月份，而东北最早出现在 5 月份，江浙地区 3 月份开始出现病蜂，而在西北则于 5～6 月份开始出现病蜂。

1. 病原　引起蜜蜂麻痹病的病毒有多种，主要是蜜蜂慢性麻痹病病毒和急性麻痹病病毒两种。慢性麻痹病病毒可在成年蜜蜂的头部，其次是胸、腹部神经节的细胞质内增殖，在肠、上颚和咽腺内也可增殖，但在脂肪细胞和肌肉组织内不出现；急性麻痹病病毒在被感染的成蜂脂肪体和脑细胞质中能看到，在 35℃ 条件下可在被感染的蜂体内大量聚集，而在 30℃ 条件下被感染的蜜蜂则迅速死亡。

麻痹病在蜂群内主要是通过蜜蜂的饲料交换传播；而在蜂群间的传播则主要是通过盗蜂和迷巢蜂。阴雨天气过多、蜂箱内湿度过大，或久旱无雨、气候干燥，都会导致该病发生；健康蜂还可通过与染病蜂接触或吸食被污染的饲料而发病。

2. 诊断　该病主要发病季节为春、秋两季，该病发病快，传播迅速，尤其当外界蜜、粉源缺乏，蜜蜂个体抗病性相对较弱时，可迅速导致全场发病。

成年蜂神经细胞直接受该病病毒损害，造成病蜂麻痹痉挛，行动迟缓，身体不断地抽搐颤抖，丧失飞行能力，翅和足伸开，振翅虚弱，无力地爬行，有的腹部膨大，有的身体瘦小，常被健

康蜂逐出巢门之外；到后期则体表发黑，绒毛脱光，腹部收缩，如油炸过的一样。

麻痹病对蜂群的影响主要表现为影响成年蜂的寿命，大多数染病蜂群3～4天出现病状，4～5天后开始大量死亡。感染麻痹病的病蜂主要表现两种症状：春季以"大肚型"为主，主要表现为腹部膨大，身体不停地颤抖，翅与足伸开呈麻痹状态，不能飞翔；秋季以"黑蜂型"为主，具体表现为身体瘦小，绒毛脱落，像油炸过似的，全身油黑发亮，腹部尤其黑，反应迟缓，失去飞翔能力，不久便衰竭死亡。

3. 防　治

（1）预　防

① 培育抗病蜂种　选育抗病力强和耐感染的蜂种，选择健康无病的蜂群培育蜂王，提高蜂群的自身抵抗能力。

② 及时处理病蜂　要经常检查蜜蜂的活动情况，如发现有的蜜蜂出现麻痹病症状，立即采用换箱方法，将蜜蜂抖落箱外，健康蜂会迅速进入新蜂箱，而病蜂由于行动缓慢，留在箱外，可集中收集将其杀死，以免将麻痹病传染给健康蜂；对患病蜂群的蜂王，可选用由健康群培育的蜂王更换，以增强蜂群的繁殖力和对疾病的抵抗力，这仍是目前行之有效的措施。

③ 防止蜜蜂吸食被污染的饲料　在自然界缺少蜜粉源时，要及时补助饲喂，补给一定量的奶粉、玉米粉、黄豆粉，并配合多种维生素，以提高蜂群的抗病力；饲喂无污染的优质饲料，减少患病危险；如果蜜源植物已被污染，就要迅速离开污染源地。

④ 更换清洁的新蜂箱　要经常对蜂箱进行消毒，每隔6天左右1次，方法是用10克左右的升华硫粉，均匀地撒在框梁上、巢门口和箱门口。同时，越冬期要加强蜂箱保温通气，严防蜂群受寒、受潮。

（2）药物治疗

生川乌 10 克，五灵芝 10 克，威灵仙 15 克，甘草 10 克，加水适量煮沸澄清加蜜拌匀。该药分 3 次煮沸，澄清后加糖，口感有点甜即可。用喷雾器斜喷蜂体，见雾即停，逐脾喷治，每天 3 次，喷治 3 天后停 1 天，第五天即可见效。

蜂胶酊，先用 1 倍清水稀释蜂胶酊，然后将稀释的蜂胶酊洒在巢脾、蜂箱四边的蜜蜂体上，3 ～ 5 天洒 1 次，连续治疗 5 次后，麻痹病症状消失。

升华硫，按照每群每次 7 克的用量将升华硫洒于蜂路、框梁或箱底，对该病进行防治；患病蜂群每群每次用 10 克升华硫进行治疗。

抗蜂病毒一号，本品为黄色或淡黄色结晶粉末，无臭，味微苦，不溶于水、冷乙醇，稍溶于热乙醇，溶于二甲基亚砜，含量为 10 毫克 / 毫升。

按使用浓度 (10 毫克 /100 毫升) 加蜂蜜水喷喂蜂群，每框蜂一般用量为 5 ～ 10 毫升。蜂群傍晚回巢前施药，隔日喷喂 1 次，每框蜂用量 10 毫升，7 次为 1 个疗程。

每千克糖浆加 20 万单位金霉素或新霉毒，每框蜂每次喂 50 ～ 100 克，隔 3 日 1 次，连续 3 ～ 4 次；摇匀后喷到蜂脾上，每隔 2 天喷 1 次，连续喷 2 ～ 3 次。

4% 酞丁胺粉 12 克，加 50% 糖水 1 千克，每 10 框蜂群用 250 毫升药液喷脾，2 天喂 1 次，连用 5 次，采蜜期停止使用。

（九）蜜蜂蛹病

蜜蜂蛹病又称"死蛹病"，是危害我国养蜂生产的一种新的病毒性传染病。

各地区和各蜂场之间发病程度差异较大，患病蜂群常出现"见子不见蜂"的现象，轻则仅有个别蜂群少量蜂蛹死亡，如此

时外界蜜粉源丰富、蜂群群势较强，辅以更换蜂王措施，病情则可得到控制；严重病群，由于大量蜂蛹死亡，采集蜂数量减少，蜂群生产力下降，蜂蜜和蜂王浆的产量大幅度降低；若发病率高达 30%～50%，则蜂群完全失去生产能力，并且很难维持蜂群的生存状态，最终导致整群蜂死亡。

1. **病原**　病原为蜜蜂蛹病毒，病毒在大幼虫阶段侵入，幼虫期感染，蛹期死亡。蜂群中的病死蜂蛹以及被污染的巢脾是蜜蜂蛹病的主要传染源，患病蜂王是该病的又一重要传染途径。

该病意蜂发生较普遍，受害较重，喀蜂和东北黑蜂发病较轻，中蜂则很少发生，就蜂王年龄而论，一般来说，老蜂王群易感染，年轻蜂王群发病较少；同时，当早春或晚秋外界蜜粉源缺乏或使用劣质饲料喂蜂、蜜蜂处于饥饿状态或营养不良、遇阴雨或寒潮时易发生。

2. **诊　断**

（1）**蜂箱外观察**　患病蜂群工蜂表现疲软，采集力明显下降，出勤率降低，在蜂箱前可见被工蜂拖出的死蜂蛹或发育不健全的幼蜂；病情严重的蜂群会出现蜂王自然交替或飞逃，可怀疑为患蜂蛹病。

（2）**蜂群内检查**　提取封盖巢脾，抖落蜜蜂，若发现封盖子脾不平整，多数巢房盖被工蜂咬破，露出死蛹，头部呈"白头蛹"状或有"插花子脾"现象；且工蜂分泌蜂王浆和哺育幼虫能力降低；死亡的工蜂蛹和雄蜂蛹多呈干枯状，个别呈湿润状，发病幼虫失去自然光泽和正常饱满度，体色呈灰白色，并逐渐变为浅褐色至深褐色，尸体无臭味、无黏性，出现上述 3 个症状即可初步诊断为患蜂蛹病。

（3）**区别其他病害**　蜜蜂蛹病的病状常易与蜂螨、巢虫危害造成的死蛹以及囊状幼虫病、美洲幼虫腐臭病病状相混淆，可根据其特征加以区分。

受蜂螨危害的蜂群常出现幼蜂翅残缺或蜂蛹死亡，在蜂体及巢房内的蜂蛹和幼虫体上检查可发现较多数量的大蜂螨和小蜂螨；受巢虫危害的蜂群，一般是弱群受害较重，常出现成片封盖巢房被工蜂开启，死蜂蛹头部外露，呈"白头蛹"状，拉出死蛹后可见到巢虫；囊状幼虫病多出现在大幼虫阶段，死亡幼虫呈典型囊状袋，头部上翘，而蜂蛹病无此症状；受美洲幼虫腐臭病危害的蜂群也会出现死亡蜂蛹，其典型特征是死蛹吻伸出，而患蛹病死亡的蜂蛹无此病状。

3.防　治

（1）预　防

① 选育抗病品种，更换蜂王　蜜蜂品种之间抗病性有差异，同一品种不同蜂群抗病力也不一样，在病害流行季节，有些蜂群发病严重，有些蜂群发病轻微，而有些蜂群却不发病。在生产实践中选择抗病力强的蜂群作为种蜂群，培育新蜂王，用以更换病群的蜂王，以增强对蜂蛹病的抵抗力。

② 加强饲养管理，创造适宜蜂群发展的环境条件　保持蜂群内蜂脾相称或蜂多于脾，蜂数密集，加强蜂巢内保温，经常保持蜂群内有充足的蜜粉饲料。当外界蜜粉源缺乏时，须给蜂群饲喂优质蜂蜜或白糖，并辅以适量的维生素、食盐。

此外，还应注意保持蜂场卫生，清扫拖出蜂箱外的死蜂蛹，并集中烧毁，以消灭传染源，同时注意勿将病脾调入健康群，造成人为传染。

③ 消毒措施　每年秋末冬初，患病蜂场应对换下的蜂箱及蜂机具用火焰喷灯灼烧消毒；对巢脾用高效巢脾消毒剂浸泡消毒，100片药加水2 000毫升，浸泡巢脾20分钟，再用摇蜜机将药液摇出，换清水浸泡2次，每次10分钟，摇出清水后晾干备用。

（2）药物治疗

喷喂防治药物蛹泰康，每包药加水500毫升，每脾喷10～20

毫升药液，每周 2 次，连续 3 周为 1 个疗程，病情可得到治愈。

吗啉呱 1 片，维生素 C 2 片，维生素 B$_1$ 2 片，柠檬酸 1 克，研成细粉，加入适量糖浆中搅匀溶解喂蜂 10 框，连续喂 7 天为 1 个疗程，连续用药 3 个疗程。

黄柏 10 克，黄芩 10 克，黄连 10 克，大黄 10 克，海南金不换（可用延胡索替换）10 克，五加皮 5 克，麦芽 15 克，雪胆 10 克，党参 5 克，龙眼 5 克，每剂加水 1.5 升煎熬，药液以 1∶1 比例加入糖浆中，喂蜂 300 框，每天傍晚喂 1 次，连续 3 次为 1 个疗程；3 天后再喂 1 个疗程即可。

（十）黄曲霉病

黄曲霉病又称结石病，是危害蜜蜂幼虫的真菌性传染病，现仅发生于西方蜜蜂，无论是幼虫、蛹和成年蜂都可感染。该病分布较广泛，世界上养蜂国家几乎都有发生，温暖湿润的地区尤其容易发病。

1. 病原　病原主要为黄曲霉菌，其次为烟曲霉菌。这两种真菌生活力都很强，在自然界分布极为广泛，在土壤里，腐败的有机物以及食品、饲料和谷物都存在。黄曲霉菌成熟的菌丝呈黄绿色，烟曲霉菌的成熟菌丝呈灰绿色，均以孢子传播，分生孢子圆形或近似圆形，大小为 3～6 微米。黄曲霉孢子抵抗力强，煮沸 5 分钟才能被杀死，消毒液需浸泡 1～3 小时才能灭活。

患黄曲霉病的蜂群，最常见的是幼虫和蛹感染病，死亡蜜蜂大多是幼蜂。主要是通过落入蜂蜜或花粉中的黄曲霉菌孢子和菌丝传播，当蜜蜂吞食被污染的饲料时，分生孢子进入体内，在消化道中萌发，穿透肠壁，破坏组织，引起成年蜜蜂发病。当蜜蜂将带有孢子的饲料饲喂幼虫时，孢子和菌丝进入幼虫消化道萌发，可引起幼虫发病。此外，当黄曲霉菌孢子直接落到蜜蜂幼虫体时，如遇适宜条件，即可萌发，长出菌丝，穿透幼虫体壁，致

幼虫死亡。

黄曲霉病发生的基本条件是高温潮湿，所以该病多发生于夏季和秋季多雨季节。

2.诊　断

（1）**临床诊断**　成蜂患病后，表现不安，身体虚弱无力，行动迟缓，失去飞翔能力，常常爬出巢门死亡；死蜂身体变硬，在潮湿条件下，可长出菌丝；大多数受感染的幼虫和蛹在封盖之后死亡；患病幼虫和蛹最初呈苍白色，以后逐渐变干、变硬，表面长满白色菌丝和黄色带点绿的孢子，尸体呈木乃伊状坚硬，常充满巢房的一半或整个巢房，若轻微振动孢子四处飞散。

（2）**实验室诊断**　若发现死亡的蜜蜂幼虫体上长满黄绿色粉状物，则可取表层物少许，涂片，在 400～600 倍显微镜下检验，若观察到有呈球形的孢子头和圆形或近圆形的孢子及菌丝时，即可确诊为黄曲霉病。

3.防　治

（1）**预防**　蜂场应选择干燥向阳的地方，避免潮湿，应时常加强蜂群通风，扩大巢门，尤其是雨后应尽快使蜂箱干燥。晴天室外温度为 30℃ 左右的时候，将病群蜂箱箱盖打开，揭去覆布，扩大脾距，直接晒蜂、晒脾和晒蜂箱，使整个蜂巢在阳光下晒 1～2 小时，期间需严防敌害和盗蜂等。

将病群搬离至蜂场 5 千米以外的地方治疗。把换下的蜂箱彻底消毒，换下的巢脾淘汰烧毁或化蜡，换下的蜂王杀死深埋；然后再用 0.5% 高锰酸钾、2% 碘酊或 0.1% 新洁尔灭溶液喷蜂喷脾喷箱消毒，或用 3 克硫磺拌干锯木渣 20 克左右，用报纸包成小包，用时点燃一角，放入蜂箱内的瓦片上烟熏，迅速盖好箱盖，并关闭巢门 5～10 分钟，期间留意观察，小心着火。

（2）**药物治疗**

足光散粉剂，一般是 8～9 元 1 盒，每盒 3 包，每包 40 克左右，

1包药粉可用于5～8群蜂，用药时应现治现开，保持药粉干燥。施治时，将药粉均匀投放到蜂路、上框梁、箱底板等处以及病脾中。预防时用药少，一般每月1次；治疗时用药多，一般3～5天施放1次，5次为1个疗程，2个疗程可见显著疗效或病愈。

蜂胶苏打酒水剂，首先取蜂胶100克对50°白酒500毫升，用玻璃瓶（磨口）封口炮制10～15天，然后去渣可取得400毫升左右药酒液，再加入1.0～2.5升纯净水，同时添加小苏打50～100克，充分混合摇匀，炮制成蜂胶苏打酒水剂。治疗时先打开病群蜂箱提脾喷蜂，使蜂体上呈薄雾状，再抖掉脾上蜜蜂喷脾，逐脾逐群施治。

此剂还可饲喂治疗，即500克白砂糖对纯净水300毫升煮沸15分钟以上，退火冷却至35℃以下，再加此剂100～200毫升喂蜂，病重多加，病轻少加。每3天喂1次，3～5次为1个疗程，直至病群痊愈。

大黄苏打滑石香粉剂，取大黄苏打片200片，充分研碎成细粉，加滑石香粉20～30克，充分混合均匀后，用2层塑料袋包装，放置在广口瓶内密封备用。治疗时，将药粉用纱布包装收口，制成药粉纱包，将病群的巢脾（特别是病脾）提出，再将蜜蜂抖刷净，平放后用药粉纱包在脾两面轻轻扑打，让药粉落入巢房内，患病子脾上要多扑打，多落点药粉。此药粉用量为每脾2～5克。

鱼腥草15克，蒲公英15克，山海螺8克，桔梗5克，筋骨草5克，甘草5克，金银花5克等，加纯净水300毫升左右，煮沸后小火煎汁，过滤去渣，配制成中草药糖浆，可喂20～40脾病蜂，隔日1次，连喂5～7次为1个疗程。

制霉菌素，当天或当晚用5万单位药量药片研成细末，对入300～500毫升白砂糖浆（糖∶水＝1∶1）中喂蜂，隔日1次，5次左右为1个疗程。

四、蜜蜂敌虫害控制

蜜蜂的敌害指的是以蜜蜂躯体为捕食对象的其他动物，一些掠食蜂群内蜜、粉及严重骚扰蜜蜂正常活动的动物，如胡蜂、蜂螨、茧蜂等；毁坏蜂箱、巢脾的动物，如巢虫；自然界中与蜜蜂竞争蜜粉源的动物，如蝴蝶。对蜜蜂个体的扑杀是蜜蜂敌害最突出的特点，往往发生突然，时间较短，但危害程度却十分严重。

（一）蜂　螨

蜂螨是一种严重危害蜜蜂的体外寄生虫，分大蜂螨和小蜂螨两种，是西方蜜蜂的主要寄生性敌害。由于大、小蜂螨的侵袭，残翅、体弱的蜜蜂常在地上乱爬，往往被误认为是"爬蜂病"。螨害现在已经成为一个全球性问题，蜂螨的抗药性和危害性已引起世界养蜂业的广泛关注。

1. 蜂螨的生物学习性

（1）**大蜂螨**　大蜂螨学名狄斯瓦螨，原始寄主是东方蜜蜂，在长期协同进化过程中，已与寄主形成了相互适应关系，在一般情况下其寄生率很低，危害也不明显。直到20世纪初，西方蜜蜂引入亚洲，大蜂螨逐渐转移到西方蜜蜂群内寄生，并造成严重危害，才引起人们高度重视。1952年，前苏联首次报道在其远东地区的西方蜜蜂群中发现大蜂螨的侵染。20世纪60年代后，由于地理扩散和引种不慎等原因，大蜂螨由亚洲传播到欧洲、美洲、非洲和新西兰。如今，除澳大利亚、夏威夷和非洲的部分地区还没有发现大蜂螨外，全世界只要有蜜蜂生存的地方就有大蜂螨的危害。

大蜂螨发育过程有卵、幼虫、前期若虫、后期若虫、成虫

5 种虫态，其生活史归纳起来可分为体外寄生期和蜂房内繁殖期两个时段，蜂螨完成一个世代必须借助于蜜蜂的封盖幼虫和蛹来完成。对于常年转地饲养和终年无断子期的蜂群，蜂螨整年均可危害蜜蜂；而在北方地区的蜂群，冬季有长达几个月的自然断子期，蜂螨就寄生在工蜂和雄蜂的胸部背板绒毛间或翅基下和腹部节间膜处，与蜂团一起越冬，在第二年春季外界温度开始上升、蜂王开始产卵育子时，成年雌螨从越冬蜂体上迁出，进入幼虫房，开始继续危害蜂群。成年雌螨主要寄生在成年蜜蜂体上，靠吸食蜜蜂的血淋巴生活，雄螨则完全不进食，它在封盖的幼虫巢房中与雌螨交配后立即死亡；卵和若螨寄生在蜂蛹房中，以蜜蜂虫和蛹的体液为营养生长发育。

大蜂螨的传播方式主要是群体间接触如采集蜜粉、工蜂迷巢、蜂群互盗。而人为方面，调整子脾、群势强弱互补、摇蜜后子脾混用、有螨群和无螨群蜂机具混用都可造成螨害的迅速蔓延。春季蜂螨少，随着群势增长，其数量逐渐增加；初秋最多；冬季伴随蜂群以成螨形态在蜂群内越冬。

（2）**小蜂螨**　小蜂螨是亚洲地区蜜蜂科的外寄生虫，原始寄主是大蜜蜂，但是小蜂螨能够转移寄主，感染蜜蜂科的西方蜜蜂、黑大蜜蜂和小蜜蜂。据报道，东方蜜蜂中已发现小蜂螨，但还未见其在东方蜜蜂幼虫上繁殖的报道。

小蜂螨主要生活在大幼虫房和蛹房中，靠吸食蜜蜂幼虫的血淋巴生长繁殖；在被感染的蜂群中，交配后的雌螨首选雄蜂房产卵，雄蜂房通常是 100% 被寄生，很少在蜂体上寄生，在蜂体上只能存活 2 天；当一个幼虫被寄生死亡后，小蜂螨又可以从封盖的幼虫房内穿孔中爬出，重新潜入其他幼虫房内产卵繁殖；在封盖房内新繁殖生长的小蜂螨就会随着幼蜂出房一起爬出来，再潜入其他幼虫房内继续寄生繁殖。

小蜂螨蜂群间的自然扩散主要依靠成年工蜂传播，即错投、

盗蜂、迷巢蜂和分蜂等，这是一种长距离的缓慢传播；但是小蜂螨的传播主要归因于养蜂过程中的日常管理，蜂农的活动为小蜂螨的传播提供了方便，如受感染的蜂群和健康蜂群的巢脾互换、蜂机具混用等，使得小蜂螨在同一蜂场的不同蜂群和不同蜂场间传播。在转地商业养蜂中，感染蜂群经常被转运到其他地点，这是小蜂螨传播最快、最主要的一种方式。

2. 危　害

（1）**大蜂螨**　大蜂螨主要危害成年蜜蜂，全年在蜂群内寄生繁殖，寄生在工蜂身上吸取营养，在感染初 2～3 年对蜂群生产能力无明显影响，亦无临床症状，但到第四年，蜂群的蜂螨数量能达到 3 000～5 000 只，致使成年蜂体质衰弱、烦躁不安，影响工蜂的哺育、采集行为和寿命，削弱群势，导致减产甚至全场蜂群毁灭；而受其危害的蜜蜂蛹虫常因不能正常发育而死亡，即使顺利出房的幼蜂也多为残翅、断翅、无翅的，丧失工作能力，在箱外或场地上到处乱爬，严重的会导致子烂群亡；受螨害的越冬蜂群抗干扰能力变差，蜂群骚动不安，饲料消耗多，易染病，死亡率高。

（2）**小蜂螨**　小蜂螨以吸食封盖幼虫和蛹的血淋巴为生，常导致大量幼虫畸形或死亡，子区幼虫不整齐，死亡幼虫和蛹尸体会特征性地向巢房外突出，并有腐臭味，封盖子脾出现穿孔现象；勉强羽化的成蜂常表现出体型和生理上的损坏，包括寿命缩短、体重减轻及腹部扭曲变形、翅残或足畸形或无足等；蛹感染后通常具有较深的色斑，尤其在足和头腹部；由于工蜂会拖出受感染的虫、蛹或驱赶受感染的成蜂，在蜂群即将崩溃的时候，巢门口常会看到受感染的幼虫、蛹和大量爬蜂。

小蜂螨一般不在蜂群中过冬，夏、秋高温季节达到高峰，全年集中在 6～10 月份寄生繁殖。蜂螨繁殖周期短、繁殖快，若不及时防治，常引起"见子不见蜂"的现象，30 天左右就能

使蜂场蜂群全部垮掉。

3. **防治**　大、小蜂螨应结合蜜源植物泌蜜特点进行防治。治疗蜂螨共分两个时期：断子期和繁殖期。

（1）**断子期治疗**　时间选择在早春无子前、秋末断子后，或者结合育王断子和秋繁断子时间，用水剂杀螨药物喷洒巢脾，切断蜂螨在巢房的寄生途径。

常用杀螨药物有：杀螨剂1号、绝螨精、螨特灵等，按照药物说明比例稀释后装入喷雾器中喷洒防治。

喷脾方法：将巢脾提出蜂箱后，先对巢箱底部进行喷雾，使箱内蜜蜂身体上布满水珠，再取一张报纸，铺垫到蜂箱底部，然后再一手提巢脾，一手持喷雾器，喷雾器距离脾面25厘米左右，斜向蜜蜂喷射药物，巢脾两面喷完后再放入原蜂箱中，直到整群蜜蜂全部完成喷脾，盖上蜂箱即可。第二天早晨打开蜂箱，卷出报纸，检查治疗效果。

（2）**繁殖期治疗**　在蜜蜂繁殖期，蜂群内卵、虫、蛹和成蜂均有分布，蜂群内既有寄生在成年蜜蜂体上的成螨，又有寄生在巢房内的螨卵、若螨，如果想既杀成螨又杀螨卵和若螨，就必须采取特殊的施药方法治螨。常用药物有氟胺氰菊酯（螨扑）、升华硫、杀螨剂等，施药前后均需做药效试验。

蜂群分巢轮流治螨：先将蜂群的蛹脾和幼虫脾带蜂提出，组成新群，重新诱入新的蜂王或者王台；然后将蜂王和卵脾留在原箱，待蜂群安定后，用杀螨剂喷雾治疗。新分群先治1次，待群内无子后再治疗第二次。

（3）**升华硫治小蜂螨**　夏季大小蜂螨同时危害蜂群，而小螨危害性更大，防治不利会出现爬蜂。小蜂螨的防治药物以升华硫为主。用法如下：

升华硫＋甲酸熏蒸剂，夏季时将升华硫＋甲酸熏蒸剂（200克升华硫，1毫升甲酸熏蒸剂4支）撒在隔王板上，每5天撒1

次，连续 2～3 次。升华硫＋甲酸治螨要控制用药量，每次每箱约 2 克，过量会伤蜂，蜂王停产，或见子不见虫。

繁殖越冬蜂时要将升华硫＋甲酸熏蒸剂和螨扑配合使用，用 200 克升华硫＋4 支 1 毫升甲酸熏蒸剂在隔王板上连续撒 2 次，5 天后再在巢箱挂半片氟胺氰葡酯，10 天后再挂半片。

升华硫＋杀螨剂，将 500 克升华硫和 20 支杀螨剂对入 4.5 千克水中，充分搅拌，然后澄清，再搅匀备用。用羊毛刷浸入备用药液，提出后刷抹脱蜂后的巢脾脾面，脾面稍斜向下，避免药液漏入巢房内，刷完两面巢脾后，将巢脾换入蜂群即可。此配方可用于 600～800 框蜜蜂的治疗。

注意：不能刷抹幼虫脾，防止药粉落入幼虫房；刷抹药液要尽量均匀、薄少，防止产生爬蜂。

（二）巢　虫

巢虫是蜡螟的幼虫，又叫做"绵虫"，繁殖速度快，卵和幼虫生活力很强，是严重危害蜂群的一种敌害，轻则影响蜂群繁殖，重则造成蜂群飞逃。

1. 生物学习性　蜡螟是一种蛀食性昆虫，常见有大蜡螟与小蜡螟两种，它们一生经历卵、幼虫、蛹和成虫 4 个阶段，在 5～9 月份危害最严重。蜡螟的发育周期随温度的变化而不同，在 30℃～40℃条件下，60 天就可完成 1 个生命周期，但在低温条件下，则可延续 3～4 个月完成 1 个生命周期。一般情况下蜡螟在一年中可完成 2～4 个周期，即繁殖 2～4 代。

蜡螟白天隐藏在蜂场周围的草丛及树干缝隙里，晚上出来活动，雌蜡螟与雄蜡螟交配也是发生在夜间。雌蜡螟交配后 3～10 天开始潜入蜂巢，在蜂箱的缝隙里、箱盖处、箱底板上蜡渣里产卵。初孵化的幼虫很小，长约 0.8 毫米、线状、乳白色，仔细观察便能看到，故称蚁螟。蚁螟期的巢虫在干燥物体表面以磕头状

快速爬行，无固定方向，尚能从空中悬丝下垂，十分活跃。但在表面湿度达饱和的物体上移动缓慢、吃力。巢虫的蚁螟期十分活跃，以箱底蜡屑为食，此时是其寻找寄生场所的主要时期。巢虫蚁螟孵化一天后即开始上脾，钻入巢房底部蛀食巢脾，孵化3天后的巢虫，则无四处乱窜的现象，而是逗留在适宜生活的地方取食并逐步向房壁钻孔吐丝，形成分岔或不分岔的隧道。随着蚁螟虫龄的增大，巢虫幼虫老熟后，或在巢脾的隧道里，或在蜂箱壁上，或在巢框的木质部，蛀成小坑，结茧化蛹，再羽化成成虫，继续寻找蜂箱缝隙产卵繁殖，最终导致受侵害的蜜蜂幼虫不能封盖或蛹封盖后被蛀毁，子脾出现"白头蛹"现象；而尚未找到食物和适宜生活繁殖场所的蚁螟大多会因体内养分耗尽而夭亡。

2. **危害**　巢虫主要危害群势较弱蜂群，并在巢脾中打蛀隧道、蛀食巢脾上的蜡质，并在巢房底部吐丝做茧，毁坏巢脾和蜂子，致使巢脾上出现不成片的"白头蛹"，严重时白头蛹可达子脾数量的80%以上，使贮存备用的巢脾变成一堆废渣。同时，巢虫在蛀隧道时常损伤蜜蜂幼虫的体表，致使蜂群感染疾病；巢虫还会危害蜂蛹，致使受害蜂蛹肢体残缺，不能正常羽化，勉强羽化的幼蜂也会因房底丝线困在巢房内。被害蜂群轻则出现秋衰，影响蜂蜜的产量和质量，严重的可致蜜蜂弃巢飞逃，给蜂场造成严重损失。

3. **防　治**

（1）**预防**　加强蜂群管理。饲养强群，保持蜂多于脾；随时保持巢脾上有充足的蜜和粉；选用优质蜂王，采用清巢力较强、能维持强群和抗巢虫力较强的蜂种，以增强蜂场内的遗传优势，提高蜂群抵抗病虫害的能力；及时更换新脾，淘汰旧脾，可以有效地消除巢虫的生存空间。

定期清理箱底，保持箱内干净，捕杀成蛾与越冬虫蛹，清除卵块。在每年春繁时期，对蜂场进行全面清扫，彻底清扫箱

体，烧开水浇灌箱底以杀死虫卵；在夏、秋季节，对有巢虫危害的蜂群，脱蜂抽出受害的封盖子脾，阳光暴晒 5～15 分钟后，巢虫会爬到脾面上，用镊子取出杀死；在冬季最寒冷时段，把箱、脾置于户外霜冻，杀灭巢虫卵及幼虫；被巢虫危害严重的蜂群，可从未受到危害的蜂群中抽 1～2 张健康子脾进行换脾，再把换下的巢脾销毁或化蜡。

（2）**药物治疗**　将蜂箱及空巢脾用 5% 石灰水或 1% 烧碱溶液浸泡 30 小时，然后洗清后晾干，可以消除隐藏在其中的越冬巢虫。

对遭受巢虫危害严重的蜂群，可用专杀巢虫的药物"巢虫净"消灭巢虫。取巢虫净一袋 5 克，加水稀释至 1.5 千克，喷洒巢脾，晾干后保存，每袋可治 300 脾，1 周后再喷 1 次，一般可保持 6 个月。

用 36 毫克/升二溴乙烯对巢脾熏蒸 1.5 小时或用 0.02 毫克/升氧化乙烯熏蒸巢脾 24 小时。此外，二硫化碳、冰醋酸、硫磺（二氧化硫）、溴甲烷均可用于熏蒸巢脾杀死蜡螟。

每箱放大茴香 10 粒左右或少量的卫生球或在蜂箱底部撒盐，对蜡螟都可起到驱避和预防作用。

（三）胡　蜂

胡蜂是捕杀蜜蜂、盗食蜂蜜的膜翅目昆虫，为捕食性蜂类。世界上已知的胡蜂有 5 000 多种，在中国也是分布甚广，常见的有 115 种，是我国南方各省夏秋季节蜜蜂最凶恶的敌害，尤以山区或林下养蜂受害最为严重。

1. **生物学习性**　胡蜂种类主要有金环胡蜂（又名大胡蜂）、黄边胡蜂、黑盾胡蜂和基胡蜂等，常见的金环胡蜂体长约 40 毫米，黄边胡蜂体长 22～30 毫米。

胡蜂大部分营社会性群居生活，多营巢于树枝、树洞和屋檐下，有喜光习性，属杂食昆虫，嗜食甜性物质。每群胡蜂有蜂王、

工蜂和雄蜂，初冬最后一代蜂王交配受精后，潜伏于隐蔽处越冬，翌年春季蜂王开始觅食，营巢，产卵。胡蜂蜂王可活1年以上。雄蜂多在当年最后一代出现，与新蜂王交配后很快死亡。

胡蜂一般在气温12℃～13℃时出巢活动，16℃～18℃时开始筑巢，秋后气温降至6～10℃时越冬。春季中午气温高时胡蜂活动最勤，夏季中午炎热，常暂停活动，晚间归巢不活动。

2. 危害　在每年的夏、秋季节，胡蜂常在蜂箱前1～2米处盘旋或停留在蜂场附近的树枝上，寻找机会俯冲追逐、猎捕外出采集的蜜蜂，甚至停留在巢门前随意袭击进、出蜂箱的蜜蜂。在某些情况下，胡蜂还可进入蜂箱，危害蜜蜂的幼虫和蛹，致使整个蜂群飞逃或毁灭。胡蜂捕杀蜜蜂后，会咬掉蜜蜂的头部和腹部，只取食蜜蜂的胸部，带回巢内哺育幼虫。

被胡蜂骚扰的蜂群会出现巢门前秩序紊乱，蜂箱前方出现大量伤亡的青、壮年蜂，其中无头、残翅或断足的蜜蜂居多。

3. 防　治

（1）防范　春季至夏季蜂箱不要有敞开部分，巢门开口尽量小（以圆洞为好），或在蜂巢口安上金属隔王板或金属片，不要让胡蜂攻入蜜蜂箱内，并在胡蜂造巢取材的牛粪中喷洒农药。

（2）拍打法　在夏、秋季早晨8时至10时和傍晚6时至7时将打死的胡蜂尸体集中放于蜂场上，引诱胡蜂飞来取食，通过人工用木片或竹片在蜂群巢门口扑打消灭胡蜂。

（3）毒杀法　用虫罩网住活体胡蜂，然后用防蜇手套（注意个人防护），把毁巢灵涂在胡蜂背部，放胡蜂归巢，利用胡蜂驱逐异类的生物学特性达到毁灭全巢的目的，但从生态平衡上说，胡蜂是有利于保护森林的益虫，尽量不要进行绝杀。

在自制的小型铁箭上绑上棉花，再沾上敌敌畏、保棉丰等剧毒农药后，用特制的组合长杆将"毒箭"轻轻插入蜂巢内，使"毒箭"永远留在蜂窝内，毒药在蜂窝内快速扩散，数十分钟便能

将整笼马蜂全部毒死，采用这种方法一般不会惊动胡蜂。

（4）**袋装法**　用一个大的布口袋，将位于住房阳台、窗户或较低部位的蜂巢整体装入袋中，然后摘除蜂巢，摘除时，动作要轻、快、准，一般情况下能将整笼马蜂的成虫、幼虫全部消灭，但要注意自身保护，防止被蜇。

（5）**诱杀法**　在广口瓶内装入 3/4 蜜醋（食醋调入蜂蜜）挂在蜂场附近或用 1% 硫酸亚铊或砷化铅或有机磷农药拌入水、滑石粉和剁碎的肉团里，三者比例为 1∶1∶2，盛于盘内，放在蜂场附近诱杀前来取食的胡蜂。

（四）茧　蜂

蜜蜂茧蜂属是膜翅目茧蜂科优茧蜂亚科昆虫，种类较少，中国仅记录一种即：斯氏蜜蜂茧蜂，2007 年在广东省首次发现，现在贵州、重庆、湖北、四川及台湾均有分布。

1. **危害**　蜜蜂茧蜂主要寄生中蜂种群，寄生率高达 20% 左右。中蜂被寄生初期无明显症状；在感染后期，蜂群采集情绪降低，工蜂腹部色泽暗淡，大量离脾，六足紧握，附着于箱底或箱内壁，在巢门踏板上可见腹部稍膨大、无飞翔能力、呈爬蜂状、蜇针不能伸缩、不蜇人的被寄生的工蜂；待寄生茧蜂幼虫老熟时，整个幼虫几乎充满工蜂腹腔，从中蜂肛门处咬破蜜蜂体壁爬出，工蜂在"产出"寄生蜂幼虫前表现出急躁、前后翅上举、四处爬动等症状，工蜂"产出"寄生蜂幼虫后约 30 分钟即死亡。

解剖死亡工蜂发现，1 只患病工蜂体内仅有 1 只寄生蜂幼虫，紧贴工蜂中肠。寄生蜂幼虫通体乳黄色、具体节、两头稍尖、可自行蠕动。

2. **防治**　对此寄生蜂尚无有效的防治措施，建议加强蜂群管理，及时发现被感染蜂群并做销毁处理，防止被感染蜂场随着蜂群的流动进一步扩散。

（五）蚂　蚁

蚂蚁是一种分布极广泛的昆虫，尤以高温潮湿或森林地区分布最多。

1. 危害　蚂蚁常在蜂箱附近爬行，并从蜂箱缝隙处或巢门爬入蜂箱内围杀蜜蜂，吸取巢脾内蜂蜜，并在蜂箱和盖布上产卵繁殖，常使蜂群不安。在南方的白蚁虽然不直接危害蜂群，但常蛀食蜂箱，给养蜂人员造成困扰。

2. 防治　清除干净蜂箱四周的杂草，在蜂箱周围撒上生石灰，并把蜂箱垫高10厘米。

把蜂箱放在支架上，支架四条腿放入能盛水的容器中，再在容器中注入水，隔断蚂蚁爬行的路径。

用白蚁净杀灭。寻找到蚂蚁窝洞口，把白蚁净投放进蚁窝内，全巢杀灭。

用烟叶和水按1：1的比例浸泡15～30天，将浸泡好的烟叶水浇于蜂箱四周。若在其中加入苦灵果浸泡，则防蚁效更佳。

五、蜜蜂中毒处理

（一）甘露蜜中毒

甘露蜜是某些植物幼叶分泌的汁液甘露或蚜虫、介壳虫采食植物汁液或树枝所分泌的甜汁，经消化吸收后，排泄于植物表面的蜜露的统称。甘露蜜因含有比蜂蜜高几倍的矿物质盐、聚合糖和糊精物质，蜜蜂取食后不易消化而引起的消化不良现象，严重时可导致蜜蜂蜂王和幼虫中毒死亡。

蜜蜂甘露蜜中毒是我国养蜂生产上普遍发生的一种中毒症，尤以每年的早春和晚秋两个季节发展严重，但在南方每年夏秋之

交的蜜源缺乏的高温季节，也常常发生甘露蜜中毒的情况，林下养蜂尤其要注意防止甘露蜜中毒。

1. 中毒症状 中毒蜂群工蜂腹部膨大，失去飞翔能力，在蜂箱巢门口前爬行，并出现下痢症状，排泄物为黄、褐、黑色稀薄状，多死在巢外，严重时死于箱内，有的呈中毒状死于蜂箱前；解剖蜜蜂尸体发现蜜蜂蜜囊呈球状，中肠内充满糖浆状浑浊液体，呈灰白色，后肠充满浓稠、黑色粪便，消化道色泽暗黑。

甘露蜜大范围发生时，会有 3～5 天高峰期，蜂群表现出采集兴奋，强群中毒死亡率高，群势突然下降，出现见脾不见蜂的症状；同时，在甘露蜜植物树下能听到蜜蜂的嗡嗡声，发现中毒死亡的蜜蜂。

2. 检验方法

（1）酒精检测法 取待检的蜂蜜 3 克放于试管内，加入等量蒸馏水稀释，再加入 90% 酒精 10 毫升摇匀，如出现白色浑浊现象或沉淀，表明含有甘露蜜。

（2）石灰水检测法 按上述方法将待检蜂蜜稀释后，加入饱和的、经过澄清的石灰水，摇匀后，加热煮沸，静置数分钟，如出现棕色沉淀，则表明含有甘露蜜。

3. 中毒处理 在蜜源缺乏季节，要保证蜂群内有足够的饲料，并对缺蜜的蜂群进行补助饲喂，不使蜂群长期处于饥饿状态，避免蜜蜂因缺蜜去采集甘露蜜。

在大流蜜期结束后，蜂场要远离产生甘露蜜的植物，不要设在松树、柏树很多的地方；晚秋当外界蜜源结束以前，必须留足蜂群越冬饲料。

蜂群一旦发生甘露蜜中毒，最好转地放养，并将已中毒蜂群蜜脾中的甘露蜜全部撤出，换上优质蜜脾或饲喂优质蜂蜜，并对蜜蜂采取药物治疗缓解中毒症状。

配方 1：氯霉素 2 片，四环素 1 片，复方维生素 B_1 20 片，

食母生 50 片，将以上药物研碎后加 1 千克蜜水，搅匀后喂蜂，每天 1～2 次，连喂 2～3 天。

配方 2：党参、云茯苓、山药、炒白术、焦山楂、麦芽各 10 克，炒扁豆 6 克，加水 500 毫升，小火煎成 300 毫升，再加 200 毫升蜂蜜，摇匀饲喂。

（二）茶花蜜中毒

茶树是我国南方广泛种植的主要经济作物，9～12 月份开花，花期较长，泌蜜量大，且花粉丰富，有利于蜂群繁殖，具有较高的经济价值，深受市场青睐。但茶花蜜和油茶花蜜中含有半乳糖，而蜜蜂幼虫没有分解消化吸收半乳糖的能力，蜂群采集茶花蜜易引起蜜蜂幼虫生理障碍，造成蜜蜂幼虫大面积烂死、群势急剧下降的严重后果。

1. 中毒症状　蜜蜂采集茶花蜜后，蜂群内子脾上 3 日龄的幼虫发育正常没有显著变化，但将要封盖幼虫或已封盖的大幼虫会成批腐烂死亡，巢房房盖变深且有不规则的下陷，中间有小孔，用镊子挑出幼虫尸体呈灰白色或乳白色且瘫在房底，散发出一股酸臭味，中毒严重的蜂群走近蜂箱或打开蜂箱大盖就会闻到这股酸臭味。如不采取防治措施，蜂群烂子率可达 100%。

2. 中毒处理　在茶花和油茶开花时节，要一边脱粉，一边取浆，并喂以 1:1 的糖浆。进蜜越多，则喂糖量也要越多，以减少茶花蜜含量。在流蜜盛期，如果进蜜量大，可相隔 4 天取蜜 1 次。

在茶花、油茶单一面积大的蜜源区，对群势较强的蜂群要继箱分区管理，也就是用隔板将巢箱分隔成两区，把蜜粉脾和适量的空脾连同蜂王带蜂布置在巢箱的一个区内，组成繁殖区；然后把剩下的虫卵脾、蛹脾及适量的蜜粉脾和空脾放到巢箱的另一区内或继箱内，组成采蜜区；继箱和巢箱中间用隔王板隔开，让工蜂通过，但蜂王不能通过。在繁殖区的框架上要用布盖上，在

距采蜜区较远的一侧留2个框距的空间让工蜂出入，巢门开在采蜜区一侧。每隔2天对繁殖区用1∶1的糖水或蜜水进行补充饲喂，保证繁殖区内饲料充足。

对群势较弱的蜂群可采用巢箱分区管理。将巢箱用铁纱网隔离板分成两区，把蜂群中的蜜粉脾和适量的空脾连同蜂王带蜂组成繁殖区，将余下的虫卵脾和其他蜂脾提组成采蜜区；盖上纱布，在隔板和纱布盖之间留0.5厘米的距离，保证工蜂通过，而蜂王不能通过。巢门开在采蜜区。当繁殖区缺花粉时，在上午10时前打开巢门1～2小时，每隔1～2天对繁殖区用1∶1的糖浆进行补饲，保证繁殖区饲料充足，这样就可以预防蜜蜂采茶、油茶蜜的中毒。

（三）枣花蜜中毒

枣是我国重要果树之一，5～6月份开花，泌蜜量大，是北方夏季主要蜜源植物，但枣花蜜中所含过高的游离钾和生物碱类物质，易导致蜜蜂中毒死亡。蜜蜂中毒轻重情况和当时的气候条件有密切关系，在气候干旱或外界无辅助蜜源时，中毒症状严重，反之较轻；此外，山区较平原发病重。

1. **中毒症状**　在枣花大流蜜期，采集蜂腹部膨大，失去飞翔能力，在巢门外跳跃式地爬行；随着病情加重，病蜂常仰卧在地，腹部不停地抽搐，最后痉挛死亡；死蜂双翅张开，腹部向内弯缩，吻伸出，呈现典型的中毒症状；中毒严重时，巢门前死蜂遍地，群势迅速下降。

2. **中毒处理**　选择枣花蜜生产场地时，要尽量选择附近有水源、上有树木遮阴的地方作为生产场地，没有自然遮阴条件时应采取人工遮阴。

（1）**加强通风、喂水，保持湿度**　在场地及蜂箱附近每天定时泼洒凉水，以降温保湿，创造适宜的局部小气候；场地附近

缺乏水源时，应在场地荫凉处增设饲水器。同时，蜂箱巢门可全部打开，巢内蜂路适当加宽；纱盖上放置海绵，每天定时喷洒凉水，供蜂群采用，不建议用凉水直接喷蜂喷脾；根据外界气温及蜂群群势情况，必要时还可以在巢内加框式饲喂器或水脾，以增加供水量。

在喂水过程中，在饮水中加少量食盐、食醋，以促进蜜蜂代谢，缓解、中和钾离子及生物碱对蜂群的影响。

（2）及时摇蜜，减少影响　进入枣花场地的生产群，箱内最好能提前保留少部分前期其他蜜源的蜜，而将蜂群新采集的枣花蜜成熟后及时摇出，摇蜜后的空脾蘸水或做成水脾后循环加入蜂巢。

（3）饲喂解毒蜜水　在枣树盛花期可熬制生姜水或甘草水，稀释放温后，加入少量非枣花蜜汁，混匀后饲喂蜂群，每群每天饲喂200～300毫升，可以结合给蜂群喂水一同进行，也可以在摇蜜后单独向巢内喷洒或带蜂喷脾。

（四）农药中毒

蜜蜂农药中毒主要是蜜蜂采集果树和蔬菜等人工种植的花蜜、花粉后发生。例如，我国南方的柑橘、荔枝、龙眼，北方的枣树、油菜等，由于催化剂和除草剂的施用，每年都会造成蜂群停止繁殖、大量蜜蜂死亡的严重后果。蜜蜂农药中毒是当前养蜂生产上存在的一个严重问题，愈是农业发达国家，蜜蜂农药中毒的问题愈加突出。

1. 中毒症状　中毒蜂场突然出现大量死亡或即将死亡的蜜蜂，死亡蜂群多为采集蜂多的强群，死亡蜜蜂大多为采集蜂，有的腿上还带有花粉团；中毒蜂群极度不安，秩序混乱，爱追蜇人、畜，提脾时有的蜜蜂因无力附脾而坠入箱底；中毒蜜蜂常爬出巢门外，在地上乱爬、翻滚、打转，肢体失灵抽搐痉挛，死亡后常两翅展开，腹部弯曲，吻伸出，拉取肠道可见中肠缩小；严

重蜂群甚至会出现中毒幼虫从巢房脱出而挂于巢房口的"跳子"和拖蛹现象，中毒严重的蜂场在1～2天蜜蜂全场覆灭。

2. 中毒处理　养蜂场应与施药单位密切联系和沟通，预防农药中毒发生。施药单位应采取统一行动，一次性用药，在不影响农药药效和不损害农作物生长的情况下，在所使用的农药中加入适量蜜蜂驱避剂；用药前，提前通知养蜂者，使养蜂人员了解所用药物毒性并及时躲避；养蜂人员选取放蜂场地时应及时向当地农业相关部门备案，了解放蜂地农药施用情况及具体时间，尽量避开农药施用区域放蜂，或在农药施用期间采取关闭巢门或转场等措施。

若不幸发生农药中毒，养蜂场必须同当地农业单位密切配合，维护自己的合法权益；同时，对中毒蜂群采取迁移或幽闭方法急救，立即清除巢脾里的染毒饲料，换入清洁无毒的备用巢脾，再将被农药污染的巢脾放入20%碳酸溶液中浸泡12小时左右，再用清水冲洗干净，用摇蜜机将巢脾上残留的水甩出，晾干备用；然后用甘草稀糖水或稀蜜水饲喂蜂群，冲淡农药毒性，供给蜜蜂所需要的水和营养，帮助蜂群稳定恢复。

确定引起蜂群中毒的农药种类，给蜂群饲喂相应的解毒药剂。对有机磷类农药引起的中毒，可用0.05%～0.1%硫酸阿托品或0.1%～0.2%的解磷定糖水喷脾解毒；对有机氯类农药引起的中毒，可在250毫升蜜水中加入20%碳胺噻唑注射液3毫升充分搅匀喷脾解毒，或用0.05%石灰水上清液或氯丙嗪解毒也可。

第八章
蜂产品的作用及功效

　　我国是世界第一养蜂大国，无论是蜂群数量还是蜂产品产量均位居世界第一，我国蜂群数量已由 20 世纪的 700 万群增长到 900 余万群，而位居第二位的阿根廷的蜂群数量仅为我国的 1/3。我国蜂蜜出口也名列世界第一，根据农业部 2010 年统计，我国年产蜂蜜约 41 万吨，其中约 1/3 出口美国、欧盟等国家，出口总值约 1.86 亿美元。此外，我国蜂王浆产量 4 000 余吨，出口新鲜蜂王浆、蜂王浆冻干粉及蜂王浆制剂创汇 3 400 余万美元。蜂产品加工业已经成为养蜂业中的高附加值产业，了解和掌握蜂产品的基本知识、学习蜂产品加工技术不仅可以提高广大消费者对蜂产品的认识，还能促进蜂产品加工业的发展，生产更多的优质蜂产品，为我国蜂业创造更大的经济效益。

一、蜂　蜜

　　蜂蜜（Honey）是蜜蜂采集植物的花蜜、分泌物或蜜露，与自身分泌物混合后，经充分酿造而成的天然甜物质。蜂蜜是

一种很好的能量物质，葡萄糖和果糖含量在 60% 以上，能够被人体快速消化吸收。目前，蜂蜜不仅作为一种天然食品，还用于制药、化妆品、烟草工业、动物饲养及新型食品研发等方面。

（一）蜂蜜的成分与理化性质

1. 化学成分　蜂蜜的化学成分十分复杂，主要由糖类、氨基酸、维生素、矿物质、有机酸、酶类等主要成分组成，富含人体生长发育所必需的多种营养物质。蜂蜜中已知的化学成分约有 20 余种，糖类约占 3/4，水分约占 1/4，是一种高度复杂的糖饱和溶液。蜂蜜主要成分有：

（1）**水分**　在蜂巢里，成熟的天然蜂蜜被工蜂用蜂蜡封存在巢房里，这种成熟蜜的水分通常为 17% 左右，在南北方不同的气候条件下，成熟蜜的含水量也不同，但是最高不超过 21%。成熟蜂蜜是糖的过饱和溶液、含水量较低，因此不易发酵。但在常温下，蜂蜜水分含量超过 25% 时极易发酵。蜂蜜的水分含量受多种因素制约，如采集蜜粉源植物的种类、蜂群群势的强弱、酿蜜时间的长短、外界的温度及湿度，还有蜂蜜的贮存方法等，都会对水分含量造成影响。

含水量是评价蜂蜜质量品质的一项重要指标，也是蜂蜜的一个主要特征，它对蜂蜜的吸湿性、黏滞性、结晶性和贮藏条件都有着直接的影响。蜂蜜含水量的标示方法有很多，如百分比含量，但我国市场通常采用波美度来标示蜂蜜的含水量，成熟蜂蜜的波美度一般在 41° 以上。

（2）**糖类**　糖类物质在蜂蜜中含量最高，占蜂蜜总重量的 60% 以上，主要为果糖、葡萄糖、麦芽糖、棉子糖、曲二糖、松三糖等。其中，葡萄糖为 33%～38%，果糖 38%～42%，蔗糖含量不超过 5%，但桉树蜂蜜、柑橘蜂蜜、紫苜蓿蜂蜜、荔枝蜂蜜、

野桂花蜜不超过 10%；蜂蜜中果糖和葡萄糖的相对比例对其结晶性具有较大的影响，葡萄糖含量相对高的蜂蜜容易结晶，如油菜蜜，而果糖含量相对高的蜂蜜不易结晶，如洋槐蜜；蜂蜜中丰富的单糖物质极易被人体吸收，能迅速为人体提供能量和营养。

（3）氨基酸　蜂蜜中的氨基酸含量为 0.1%～0.78%，其中主要的氨基酸为赖氨酸、组氨酸、精氨酸、苏氨酸等 17 种氨基酸。蜂蜜中含有的氨基酸因蜂蜜品种、贮存条件及生产时间的不同，其含量也有较大差异；蜂蜜中含有的氨基酸主要来源于蜜蜂采集的花蜜。

（4）维生素　蜂蜜中维生素的含量虽少，但种类较多，含有多种人体必需的维生素，如维生素 B_1、维生素 B_2、维生素 B_6、维生素 C、烟酸及叶酸等。蜂蜜中的维生素含量受其花粉含量的影响较大，采用过滤的方法将蜂蜜中的花粉去除后，蜂蜜将失去大部分的维生素。

（5）矿物质　蜂蜜中的矿物质含量约为 0.17%，主要含有钾、钠、钙、镁、硅、锰、铜等微量元素，这些元素可以维持血液中的电解质平衡，调节人体新陈代谢，促进生长发育。其矿物质含量比与人体血液中的矿物质含量比相似，有利于人体对蜂蜜中矿物质的吸收，所以蜂蜜能够很快缓解人体疲劳、增强健康。不同品种蜂蜜的矿物质含量存在较大的差异，这主要与植物的种类及土壤中的矿物质含量有关。

（6）酸类　蜂蜜中的酸类物质约占 0.57%，其中有机酸主要有柠檬酸、醋酸、丁酸、苹果酸、琥珀酸、甲酸、乳酸、酒石酸等；无机酸主要为磷酸及盐酸。这些酸是影响蜂蜜 pH 值的重要因素，并具有特殊的香气，在贮藏过程中也能够缓解维生素的分解速度。

（7）酶类　蜂蜜中含有多种人体所需的酶类，这些酶具有较强的生物活性，对人体的保健和营养具有十分重要的作用。

例如，淀粉酶、氧化酶、还原酶、转化酶等，其中含量最多的酶为转化酶，这种酶能够将花蜜中的蔗糖转化为葡萄糖，直接参与人体代谢。但是淀粉酶对热不稳定，在常温下贮存17个月，淀粉酶的活性将失去一半，淀粉酶值是衡量蜂蜜新鲜程度的一种重要指标。过氧化氢酶具有抗自由基的作用，可以防止机体老化及癌变。因此，人们在食用蜂蜜时，不能使用开水稀释蜂蜜，通常使用温水或者凉水，因为高温会破坏蜂蜜中大部分活性酶类，降低蜂蜜的营养价值，并影响蜂蜜的滋味和色泽。

2. **理化性质**　新鲜蜂蜜一般为无色至褐色、浓稠、均匀的糖浆状液体，味甜，具有独特的花香味；而质量较差的蜂蜜常带有苦味、涩味、酸味或臭味。当温度低于10℃或放置时间过长，部分蜂蜜会由糖浆状液体转化为不同程度的结晶体，如油菜蜂蜜、荆条蜂蜜、椴树蜂蜜等。

（1）**相对密度**　蜂蜜的相对密度与其含水量及贮存温度有较大关系，蜂蜜的含水量越高，则蜂蜜的相对密度就小；含水量越低，相对密度较大。温度为20℃时，含水量为23%～17%的蜂蜜其相对密度为1.382～1.423，波美度为40°～43°，蜂蜜的相对密度会随着温度的升高而下降。

（2）**滋味与气味**　由于蜂蜜含有大量的糖类物质，因此蜂蜜的滋味以甜味为主，少量蜂蜜带有酸味或其他刺激性气味，如芝麻蜜及荞麦蜜。蜂蜜的气味较为复杂，一般来说，蜜香与花香存在较大的联系。这种香气来自蜂蜜中含有的脂类、醇类、酚类和酸类等100多种化合物，是花蜜中的挥发性物质。

（3）**缓冲性**　缓冲性是蜂蜜的重要理化特征之一，这与蜂蜜中的糖类物质和水分含量有关。含水量17.4%的蜂蜜与空气相对湿度为58%的空气基本保持平衡。如果这种蜂蜜暴露在相对湿度较大的空气中，由于蜂蜜有吸湿性，它会吸收空气中的水分

使其含水量逐渐升高；反之，如果暴露于相对湿度低于58%的空气中，其含水量则会因散失水分而降低。

（4）**黏滞性**　黏滞性就是指蜂蜜的抗流动性，黏滞性的强弱主要取决于含水量的高低，蜂蜜中含水量高时，其黏滞性下降；同时，受温度的影响也较大，温度高黏滞性下降；另外，蜂蜜在剧烈搅拌下也会降低黏滞性，静置后又恢复原状，这叫湍流现象或触变性。黏滞性大的蜂蜜难以从容器中倒出来，或难以从巢脾中分离出来，加工时会延迟过滤速度和澄清速度，气泡和杂质也较难清除。

（5）**旋光性**　旋光性是鉴别真假蜂蜜的一个重要指标，是光通过蜂蜜结晶体时发生的一种方向旋转的现象。真蜂蜜的旋光性一般是左旋，如果在蜂蜜中加入蔗糖或葡萄糖等物质就会改变蜂蜜的旋光性，即左旋变小甚至转为右旋。

（6）**结晶性**　结晶是蜂蜜最重要的物理特征，也是蜂蜜生产与加工过程中面临的最艰巨的问题。蜂蜜是葡萄糖、果糖等物质的饱和溶液，在适宜条件下，小的葡萄糖结晶核不断增加、长大，便形成了结晶体，并缓缓下沉，温度在13℃～14℃时能加速结晶过程。然而蜂蜜含有几乎与葡萄糖等量的果糖及糊精等胶状物质时，能推迟结晶的过程。蜂蜜比其他过饱和溶液更加稳定。

（二）蜂蜜的质量标准

蜂蜜的质量标准主要参考我国蜂蜜的国家标准GB 14963—2011进行，适用于不同品种的蜂蜜，不适用于蜂蜜制品。国家蜂蜜标准对蜂蜜进行了严格的定义，阐明了蜂蜜是蜜蜂充分酿造而成的天然甜味物质，而且安全无毒，并对蜂蜜的感官要求及理化指标做出了明确的界定，见表8-1、表8-2。

表 8-1 蜂蜜的感官要求

项　目	要　求	检验方法
色　泽	依蜜源品种不同，从水白色（近无色）至深色（暗褐色）	按 SN/T 0852 的相应方法检验
滋味、气味	具有特有的滋味、气味，无异味	
状　态	常温下呈黏稠流体状，或部分及全部结晶	在自然光下观察状态，检查其有无杂质
杂　质	不得含有蜜蜂肢体、幼虫、蜡屑及正常视力可见的杂质（含蜡屑巢蜜除外）	

表 8-2 蜂蜜的理化指标

项　目		指　标	检验方法
果糖和葡萄糖（克 /100 克）	≥	60	GB/T 18932.22
蔗糖（克 /100 克）		5	
桉树蜂蜜、柑橘蜂蜜、紫苜蓿蜂蜜、荔枝蜂蜜、野桂花蜜	≤	10	
其他蜂蜜	≤	5	
锌（毫克 / 千克）	≤	25	GB/T 5009.14

　　食品安全国家标准中还详细规定了蜂蜜中污染物（符合 GB 2762）、兽药残留、农药残留（符合 GB 2763）及微生物的限量。

（三）蜂蜜的作用与功效

　　1. 抗菌消炎作用 蜂蜜具有一定的抗菌消炎作用，抗菌谱广，能够抑制多种细菌的生长，如大肠杆菌、金黄色葡萄球菌、绿脓极毛杆菌等。有研究显示，不同蜜源的蜂蜜含有不同的营养活性成分，这也是导致蜂蜜不同抗菌消炎活性的主要原因。

2. 抗氧化作用 蜂蜜的抗氧化作用主要是通过减少细胞中活性氧的积累而实现的，蜂蜜可以增加血液中的抗氧化物质，例如维生素 C、胡萝卜素、尿素等。与蜂蜜抗氧化活性相关性最高的成分为总酚酸，蜂蜜中的多酚类化合物在抗氧化过程中起主要作用，与抑制亚硝基的能力呈正相关，能增加血浆中酚酸和其他抗氧化物的含量。

3. 促进伤口愈合 蜂蜜的物理性质及其抗菌、抗氧化活性能够促进伤口自溶清创、加速干净肉芽的组织生产、提高表皮生长速度，同时还可以缓解疼痛、水肿、减少渗出及瘢痕的形成。

4. 调节血糖的作用 目前，很多研究显示蜂蜜能够调节人体的血糖含量，这可能与蜂蜜中的乙酰胆碱和葡萄糖比例有关。

5. 促进酒精代谢 蜂蜜具有促进酒精代谢的作用，往往可以用作解酒的一般饮品。目前，普遍认为蜂蜜解酒机制的主要物质基础是果糖，果糖在酒精存在时利用 NADH 代谢，提供 NADH 的再氧化途径，进而推动酒精进一步代谢。蜂蜜的解酒效果优于果糖，这可能是因为葡萄糖等其他成分存在时，果糖能更好被吸收。

（四）蜂蜜的保存

1. 贮存容器 蜂蜜一般呈弱酸性，可以与金属发生氧化作用，因此一般采用非金属容器，如陶瓷、木桶、无毒塑料等容器贮藏；另外，注意蜂蜜在容器中不能装得过满，特别是在运输时需要留出 15%～20% 的空间。

2. 贮存条件 蜂蜜经封装后宜放在阴凉、干燥、清洁、通风地方，温度保持 5℃～10℃、空气相对湿度不超过 75%。长期贮存会造成蜂蜜质量下降，色泽加深，香气减少，酶值降低，这主要是由于温度过高造成的，如原蜜在 10℃ 以下贮存可避免或防止蜂蜜品质下降；成品蜜最好在 20℃ 以下存放；不同品种的蜂蜜需要分开贮藏，以保持不同蜂蜜各自的特色和风味，防止

串味及混杂。

3. **贮存环境洁净**　蜂蜜的贮存环境要求干净、整洁，避免因为外界污染物的污染而造成蜂蜜品质下降，降低蜂蜜的市场价值。

4. **防止发酵**　酵母菌能够导致蜂蜜发酵，当温度、湿度适宜时，酵母菌便会生长繁殖，导致蜂蜜酸败。不成熟的蜂蜜，含水量大，最适宜酵母菌的生长，应先经预处理。

5. **防止吸湿、吸味**　蜂蜜的吸湿力很强，将蜂蜜敞开置于空气相对湿度81%的室内，3个月后水分能增加到32%，即使是成熟的蜂蜜也会因吸湿而发酵。因此，必须密封保存，并贮于干燥、通风的室内，贮存蜂蜜的室内不可放有强烈气味的物品，以防蜂蜜吸收异味。

6. **结晶**　蜂蜜结晶后颜色变浅，形态变黏稠，有利于贮藏和运输，为加快结晶，可在蜜中拌入0.5%的陈蜜。但市售的鲜蜜，一般需要保持外观透明的流质状态，因此要防止结晶。

7. **运输**　蜂蜜运输过程中要避免日晒和高温（温度不宜超过28℃），必须密封严实。

二、蜂 王 浆

蜂王浆是工蜂咽下腺和上颚腺分泌的，主要用于饲喂蜂王和蜂幼虫的一种乳白色、淡黄色或浅橙色浆状物质。蜂王浆又称为蜂皇浆或蜂乳，具有特殊的气味，化学成分复杂，因外界环境、蜜蜂品种、蜂群群势及泌浆工蜂日龄的不同存在一定的差异；蜂王浆采自蜂群中的王台，其品质与蜜粉源植物有关。通常将在某种蜜粉源植物花期采集的蜂王浆命名为与蜜粉源植物同名的蜂王浆。例如，在油菜花期采集的蜂王浆被称为油菜浆，在荆条花期采集到的蜂王浆称为荆条浆，同理还有椴树浆、洋槐浆、葵花浆、紫云英浆及杂花浆。

（一）蜂王浆的成分与理化性质

1. 蜂王浆的主要成分　蜂王浆的成分十分复杂，新鲜蜂王浆中水分为总质量的 62.5%～70%，其干物质重量为 30%～37.5%。蜂王浆的干物质中蛋白质含量最高，为 36%～55%，其中 60% 为清蛋白、30% 为球蛋白，该比例有利于人体对蜂王浆的消化吸收。酶类蛋白质在蜂王浆中含量丰富，这类物质通常具有很高的生物学活性，如胆碱酯酶、超氧化物歧化酶（SOD）、谷胱甘肽酶以及碱性磷酸酶等，这些酶能够调节人体的新陈代谢，促进身体健康。王浆蛋白能提供大量的必需氨基酸，例如，MRPJs 1 有促进肝再生和对肝细胞保护的功能，MRPJs 3 在体内和体外都表现出很好的抗炎作用。

蜂王浆具有其独特的短链羟基脂肪酸集合。10- 羟基 -2- 癸烯酸（10-HDA）被广泛认为是蜂王浆中具有多种药理学作用的营养成分，也是蜂王浆中特有的不饱和脂肪酸，其含量在 2% 左右。被称为王浆酸。此外，蜂王浆中还含有 20 多种游离脂肪酸，组成了蜂王浆独特的脂肪酸集合体系。

蜂王浆中还含有多种糖类物质，不同蜜源的蜂王浆，糖类物质所占的比例也不一样，一般为干重的 20%～39%。主要有葡萄糖（占糖总含量的 45%）、果糖（占糖含量的 52%）、麦芽糖（占糖含量的 1%）、龙胆二糖（占糖含量的 1%）、蔗糖（占糖含量的 1%）。其中，龙胆二糖是龙胆糖的低聚物，它是由葡萄糖以 β–1，6 糖苷键结合而成的低聚糖。

2. 蜂王浆的理化性质　蜂王浆的颜色会根据蜜源的不同而发生变化，通常为乳白色或者淡黄色、黏稠的浆状物质，有光泽，无气泡，口感酸涩辛辣。工蜂合成蜂王浆的原料物质主要来源于花粉和花蜜，工蜂食用经酿造的蜂蜜和经自然发酵的花粉，从中摄取营养及能量合成蜂王浆。

蜂王浆的化学成分也会随着蜜粉源植物的不同而有一定的差异，10–HDA是蜂王浆的特征成分，在不同的植物类型的蜂王浆中其含量变化范围为1.4%～2.5%。根据产浆蜂种的不同，也可以将蜂王浆分为中蜂蜂王浆及西蜂蜂王浆，前者采自中华蜜蜂，后者则产自西方蜜蜂。同西蜂蜂王浆相比，中蜂的蜂王浆外观上更为黏稠，呈现出淡黄色，其中特征成分10–HDA含量也相对略低。中蜂的蜂王浆产量远远低于西蜂蜂王浆。

（二）蜂王浆的质量标准

我国蜂王浆的质量标准主要依据由中华人民共和国国家质量监督检验检疫总局及中国国家标准化管理委员会发布的蜂王浆国家标准（GB 9697—2008），该标准中详细地界定了蜂王浆的定义、蜂王浆的感官要求、蜂王浆的理化要求及蜂王浆的不同等级。

1. 蜂王浆的定义 蜂王浆，即蜂皇浆，是由工蜂咽下腺和上腭腺分泌的，主要用于饲喂蜂王和蜂幼虫的乳白色、淡黄色或浅橙黄色浆状物质。

2. 蜂王浆的感官要求

（1）色泽 无论是黏稠状还是冰冻状态，蜂王浆都应该为乳白色、淡黄色或者浅橙黄色，有光泽。冰冻状态时还有冰晶的光泽。

（2）气味 黏浆状态时，蜂王浆应该有类似花蜜或者花粉的香味和辛香味，气味纯正，无发酵及酸败的气味。

（3）滋味和口感 蜂王浆黏稠状态时，有明显的酸涩、辛辣和甜味感，上颚和咽喉有明显的刺激感。咽下或吐出后，咽喉刺激感仍然会存留一段时间，冰冻状态时，初品尝有颗粒感，而后逐渐消失，并出现与黏浆状态同样的口感。

（4）状态 常温下或者解冻后，蜂王浆呈现出黏浆状，并具有一定的流动性，不应该有气泡或者杂质。

3. 蜂王浆的等级　蜂王浆根据理化指标的不同分为优等品和合格品。

4. 蜂王浆的理化要求　蜂王浆的理化要求见表 8-3。

表 8-3　蜂王浆的产品等级和理化指标

指　　标		优等品	合格品
水分（%）	≤	67.5	69.0
10- 羟基 -2- 癸烯酸（%）	≥	1.8	1.4
蛋白质（%）		11～16	
总糖（以葡萄糖计）（%）	≤	15	
灰分 /（%）	≤	1.5	
酸度（1 摩 / 升 NaOH）（毫升 /100 克）		30～53	
淀　粉		不得检出	

（三）蜂王浆的作用与功效

1. 抗衰老、延年益寿的作用　蜂王浆中含有大量的超氧化物歧化酶（SOD），它是机体很好的自由基清除剂，能够保护机体免受自由基的伤害，从而达到抗氧化、抗衰老的作用。蜂王浆中含有多种蛋白质、维生素及活性酶类。这些营养元素也是帮助调节机体自身新陈代谢及免疫力的关键物质，从而提高人体免疫力，起到延年益寿的作用。

2. 抗菌消炎的作用　蜂王浆中丰富的王浆酸（10-HAD）和活性抗菌肽具有抗菌消炎作用。此外，蜂王浆的 pH 值也是影响其抗菌消炎作用的关键因素，在 pH 值为中性时，抗菌肽的活性会降低。同时，蜂王浆中还含有大量的多酚类物质，主要是黄酮和类黄酮，它们也具有很强的抗菌消炎作用。

3. 抗癌作用　蜂王浆中的 10-HAD 等酸类物质具有较强的抗癌活性，此外，蜂王浆中含有的球蛋白和多种维生素也能够调节机体免疫系统、增强机体免疫力，进而抑制癌细胞的生长。

4. 蜂王浆对心脑血管的作用　蜂王浆含有丰富的乙酰胆碱、10-HAD、维生素及一些微量元素。其中，乙酰胆碱对血压具有双向调节的作用，维生素能够影响机体蛋白质代谢，而微量元素能够调节血压。由此，根据动物研究显示，蜂王浆具有降血压、降血脂、防止动脉粥样硬化等生理功能，可实际应用于中老年人的心血管保健。

（四）蜂王浆的保存

蜂王浆是一种重要的保健滋补品，市场价值较高。然而，蜂王浆含有许多生物活性物质，必须在低温状态下才能长期贮存。否则，蜂王浆中的生物活性物质受温度的影响将被破坏，其营养保健作用将大大降低，所以蜂王浆保持其新鲜度就显得格外重要。

蜂王浆在常温条件下容易降解，蜂王浆要求在低温避光的条件下贮存，贮存温度以 -5℃ 至 -7℃ 为宜。实践证明，在这样的温度条件下可存放 1 年，蜂王浆的成分变化很小；蜂王浆在 -18℃ 的低温条件下，可存放数年。没有条件的地方，可在阴凉处设置地窖，将蜂王浆放入地窖中临时保存，也可购买冰块与王浆同时放入保温桶中短暂保存。

蜂王浆中含有大量的具有生物活性的营养成分及基团，如醛基、酮基等。这些基团在光的作用下很快起化学反应，使其失去原有的活性。

蜂王浆能够溶解在酸性和碱性的介质中，在溶解的状态下，蜂王浆质量更不稳定。蜂王浆呈酸性，它与金属，特别是锌、镁等金属容易起反应，腐蚀金属。金属进入蜂王浆，蜂王浆同样会受到金属的污染，所以取浆和贮浆的用具不能使用一般的金属制品。

蜂王浆本身具有较强的抑菌作用，但不等于能杀死所有的细菌，特别是酵母菌，在适宜温度及有蜂王幼虫体液存在的情况下，极易引起蜂王浆发酵。把蜂王浆置于阳光下，当浆温超过30℃，只需要几小时就会因发酵而产生大量气泡。

蜂王浆在冷热交替的环境中，经常振动和换瓶时容易败坏。

蜂王浆的贮存不只是生产过程中的重要一环，也是经营单位贮运和消费者使用中不容忽视的重要环节。为了使蜂王浆保持较好的新鲜度，生产时应把蜂王浆装进洁净、干燥、经过消毒的聚乙烯塑料瓶或其他不透光的专用瓶内；且要盖严、密封，最好定容定量，每瓶净重1 000克，并标明生产日期和生产者姓名，切忌把蜡屑、浆垢和蜂王幼虫体液、组织混进浆内，没有达到上述要求的蜂王浆，收购时要进行转瓶。

影响蜂王浆新鲜度的因素较多，俗称蜂王浆有"六怕"，即怕热、怕光、怕空气、怕酸碱、怕金属和怕细菌污染。从光、空气、酸碱、金属对蜂王浆质量影响来看，只要通过一般处理即可避免。唯有预防蜂王浆过度受热和微生物污染方面比较困难，通常可以采取以下方法：

1. **深度冷冻贮存法**　深度冷冻贮存法需要一定的设施设备才能完成，经营单位、加工厂家需长期贮存蜂王浆成品或原料，当达到一定数量后，应装箱打包并送入 −18℃以下的低温冷库贮存。在此温度下，蜂王浆中最敏感的活性物质分解减缓，氧化反应终止，微生物生长受到抑制，因此可以达到贮存数年且质量稳定的目的。若蜂王浆数量较少，可放在 −18℃以下的冰柜里贮存。

2. **60钴辐射处理法**　采用60钴（Co^{60}）辐照灭菌后贮存的蜂王浆，不会引起挥发性物质损失，短期内常温贮存不会变质，基本成分损失很少。但生物学效应可能会有较大变化，所以有冷冻条件的单位，应尽可能选用冷冻贮存。

3. **蜂场就地简易暂存法**　蜂场刚生产出来的蜂王浆，如果

不能立即交售给收购单位，又缺乏低温贮存的条件，可采取下列简易的方法做短暂的贮存。

（1）**蜜桶贮存**　蜜桶内的蜜温比气温变化小，在运输途中，把密封的蜂王浆瓶浸入蜜桶中并不让其上浮，途中或到达目的地后取出销售或转入冰箱、冷库贮存。

（2）**井内或地洞贮存**　炎热季节，井水和地洞温度显著低于外界，把蜂王浆瓶用瓶塑袋装上，扎紧袋口，放到井水下面或地洞贮存。

4. **脱水贮存法**　新鲜蜂王浆通过低温真空干燥或常温真空脱水，将其制成蜂王浆干粉或胶质薄膜干王浆，既能保持鲜王浆的成分和效应，又便于保存；不但贮存时营养比鲜王浆损耗少，而且体积比鲜王浆小，更加方便运输和服用。

三、蜂 花 粉

花粉是由 1 个营养细胞和 1～2 个生殖细胞组成的显花植物的雄性种质（植物的精子）。蜂花粉是工蜂采集花粉，用唾液和花蜜混合后形成的物质。花粉的个体称为花粉粒，是一些极微小的颗粒，采集蜂在采集的过程中将很多的花粉粒混入一些蜂蜜或蜜蜂的分泌物，并装进工蜂特有的双后足花粉筐内，聚集成为 2 个花粉球，这些花粉球就被称为蜂花粉团，采集蜂回巢后，会将花粉筐内的花粉球卸入巢房中加工成蜂粮，蜂粮也是蜜蜂幼虫的重要食物。

蜂花粉由于采自不同的粉源植物，因此通常具有不同的颜色及气味。例如，油菜花粉为浅黄色至黄色，有干油菜叶的气味，口感腥甜；玉米花粉为暗黄色至浅褐色，有清香的嫩玉米气味，口感香甜；芝麻花粉主要为深褐色，具有生芝麻的香味，口感香甜。

（一）蜂花粉的成分与理化性质

蜂花粉含有多种人体所需的营养成分。一般而言，干燥的蜂花粉含水分10%以下、蛋白质不低于15%、总糖含量15%～50%、脂肪1.5%～10%、黄酮类化合物（以无水芦丁计）≥400毫克/100克，还含有多种维生素和生长因子。

1. 蜂花粉的成分

（1）蛋白质　蜂花粉中含有多种人体必需的氨基酸，如精氨酸、赖氨酸、缬氨酸、蛋氨酸、组氨酸、苏氨酸等。这些氨基酸的含量与世界卫生组织所推荐的优质食品中的氨基酸模式十分接近，因此具有较高的营养价值。

（2）脂类　不同种粉源植物花粉的脂肪含量不同，一般为1.5%～10%，其中含量最丰富的是蒲公英花粉、黑芥花粉及榛树花粉。蜂花粉中脂类物质主要由脂肪酸、磷脂、甾醇等组成。花粉中的脂肪酸有月桂酸、二十二碳六烯酸、二十碳五烯酸、花生酸、十八烷酸、油酸、亚油酸、十七酸、亚麻酸等，其中不饱和脂肪酸——亚油酸和亚麻酸的含量比较丰富。

花粉中的磷脂有胆碱磷酸甘油酯、氨基乙醇磷酸甘油酯（脑磷脂）、肌醇磷酸甘油酯和磷脂酰基氯氨酸等。花粉富含植物甾醇类（0.6%～1.6%），其中谷甾醇是机体中胆固醇的对抗物质之一，具有抗动脉粥样硬化的生理功能。

（3）糖类　蜂花粉中的糖类物质主要由葡萄糖及果糖组成，其他的还有双糖，如麦芽糖、蔗糖及多糖，如淀粉、纤维素以及果胶类物质。油菜花粉水解后，产物均含有L-岩藻糖、L-阿拉伯糖、D-木糖、D-半乳糖、D-葡萄糖以及L-鼠李糖，而酸性多糖除了以上单糖组分外，还含有己糖醛酸，但是不含有硫酸基。玉米花粉多糖PM至少含有4种主要组分。蜂花粉中还含有部分膳食纤维，含量为7%～8%。

（4）**微生物及矿物质**　蜂花粉中含有大量的维生素，每 100 克风干的蜂花粉中含有 0.66～212.5 毫克的维生素，主要包括维生素 C、维生素 E、维生素 B_1、维生素 B_2、烟酸、泛酸、维生素 B_6、维生素 H、维生素 M 及肌醇等。目前所知的蜂花粉中，均含有胡萝卜素，胡萝卜素能够在人体及动物体内转化成为维生素 A，供给人体消化吸收。

蜂花粉是由蜜蜂采集植物的花粉所制成的，具有多种人体及动物体所必需的矿物质元素，包括钾、钙、磷、镁、铜、铁、硒、硫、锌等 60 多种，这些元素都在生命有机体内的生理生化反应中起到至关重要的作用。

（5）**酚类物质**　类黄酮及酚酸是蜂花粉中酚类物质的重要组成成分，它们大部分以氧化形态存在于蜂花粉中，即黄酮醇、白花色素、苯邻二酚和氯原酸，其中黄酮主要是以游离态形式存在，对人体有软化微血管、消炎、抗动脉粥样硬化等多种作用。

2. **蜂花粉的理化性质**　蜜蜂采集的花粉团通常为扁椭圆形，由许多花粉颗粒组成，花粉颗粒的形状有圆的、扁圆的、椭圆的、三角形的、四角形的。花粉粒的大小与颜色会随着粉源植物种类的不同而存在差异，直径一般为 30～50 毫米，颜色多样，由淡白色至黑色。成熟的花粉粒主要由花粉壁及其内容物构成。内容物包括营养核和生殖核。花粉壁由内壁和外壁组成，内壁通常柔软且薄，外壁则坚硬，表面不平。花粉表面有不规则的纹饰和萌发孔。萌发孔是花粉粒内成分进出的通道，它的大小、形状会随着植物的不同而不同。

（二）蜂花粉的质量标准

我国蜂花粉的质量标准主要依照国标 GB/T 30359—2013 进行，国标中明确规定了蜂花粉的定义及感官要求、理化要求。

1. 定　义

花粉：即雄配子体，由 1 个营养细胞和 1～2 个生殖细胞组成的显花植物的雄性种质。

花粉壁：由纤维素以及孢粉素共同构成的花粉外壳。

蜂花粉：蜜蜂工蜂采集花粉，用唾液和花粉混合后形成的物质。

单一品种蜂花粉：工蜂采集一种植物的花粉而制成的蜂花粉。

杂花粉：工蜂采集 2 种以上植物的花粉形成的蜂花粉，或两种以上单一品种蜂花粉的混合物。

破壁蜂花粉：经过加工，花粉壁已经被打破的蜂花粉。

碎蜂花粉：蜂花粉团粒破碎后形成的蜂花粉粉末。

工蜂：在蜂群内担当采集、守卫、清理、哺育等内外勤工作的生殖器官发育不完全的雌性蜜蜂。

2. 感官要求　国家标准对蜂花粉的感官要求见表 8-4。

表 8-4　蜂花粉的感官要求

项　目	要　求	
	团粒（颗粒）状蜂花粉	碎蜂花粉
色　泽	呈各种蜂花粉各自固有的色泽	
状　态	不规则的扁圆形团粒（颗粒），无明显的沙粒、细土，无正常视力可见外来杂质，无虫蛀、无霉变	能全部通过 20 目筛的粉末，无明显的沙粒、细土，无正常视力可见外来杂质，无虫蛀、无霉变
气　味	具有该品种蜂花粉特有的清香气，无异味	
滋　味	具有该品种蜂花粉特有的滋味，无异味	

3. 理化要求　国家标准对蜂花粉的理化要求见表 8-5。

表 8-5　蜂花粉的理化要求

项　目		指　标	
		一等品	二等品
水分（克/100 克）	≤	8	10
碎蜂花粉率（克/100 克）	≤	3	5
单一品种蜂花粉的花粉率要求（克/100 克）	≥	90	85
蛋白质（克/100 克）	≥	15	
脂肪（克/100 克）		1.5～10.0	
总糖（以还原糖计）（克/100 克）		15～50	
黄酮类化合物（以无水芦丁计）（毫克/100 克）	≥	400	
灰分克（克/100 克）	≤	5	
酸度（以 pH 值表示）	≥	4.4	
过氧化值（以脂肪计）（克/100 克）	≤	0.08	

注：如果是碎蜂花粉，则碎蜂花粉率不作要求。

（三）蜂花粉的作用与功效

1. 抗衰老作用　目前，通常认为超氧化物歧化酶（SOD）、过氧化脂质等物质含量与机体抗衰老有关，蜂花粉由于其所含的营养成分有助于提高 SOD 的活性，进而有增强体质和延缓衰老的作用。

2. 增强免疫力　花粉对正常及营养不良所致的免疫功能低下等问题具有显著的促进和调节作用。花粉能够促进免疫器官的发育，增强免疫细胞的活性，提高机体的免疫功能，并对移植性肿瘤有抑制作用，特别是能促进与肿瘤免疫密切相关的 T 淋巴细胞和巨噬细胞的活性，以增强机体的抵抗作用。

3. 调节胃肠功能　蜂花粉具有调节胃肠功能、促进消化、增强食欲的作用，同时花粉中含有抗菌物质，对大肠杆菌、沙门氏菌等有害菌群具有良好的杀灭作用。蜂花粉还能调节胃肠道功能，对胃肠功能紊乱、溃疡及腹泻具有良好的保健作用。

4. 保肝护肝作用　蜂花粉中的黄酮类化合物能够防止脂肪在肝脏中的积累，防止肝脏演变为脂肪肝，对肝脏起到良好的保护作用。同时，花粉是恢复肝功能的高级营养剂，对慢性肝炎患者具有良好的保健作用。

5. 保护心血管的作用　花粉中含有大量的黄酮类物质及芸香苷化合物，具有软化毛细血管、增强毛细血管强度的功能。因此，花粉可以用于预防动脉粥样硬化，还可以防止脑溢血、高血压、视网膜出血、中风后遗症、静脉曲张等老年疾病。花粉中的黄酮类物质还能够有效清除血管壁上脂肪的沉淀，从而起到软化血管和降血脂的作用。

6. 预防前列腺疾病　蜂花粉对慢性前列腺炎具有显著的疗效，能够防止前列腺肥大、前列腺功能紊乱等疾病。

（四）蜂花粉的保存

首先要防止蜂花粉变质，同时也要防止蜂花粉有效成分的损失。蜂花粉不宜在常温下存放，经过干燥、灭虫卵、杀菌之后，最好存入 $-10℃\sim-20℃$ 的冷库中保存，这样可使蜂花粉在 $3\sim4$ 年不发生变质，营养成分损失很小。如无冷库，也可用二氧化碳或氮气充气后密封贮存。鲜花粉经 0.01% 蜂胶乙醇溶液喷洒后，贮存效果也好。

四、蜂　胶

蜂胶是蜜蜂将采自植物的枝条、叶芽及愈伤组织等的分泌

物与上腭腺、蜡腺等的分泌物同少量花粉混合所形成的黏性物质。蜜蜂将蜂胶涂满整个蜂巢，填补蜂箱裂缝，加固巢脾，从而达到预防疾病、保护蜂群健康的目的。

　　近年来，根据国内外学者的大量研究表明，蜂胶具有治疗心血管、糖尿病、皮肤病、胃肠疾病，抗癌、增强免疫、抗菌消炎等重要的生理功能，蜂胶已经成为保健食品的重要研究热点之一。

（一）蜂胶的成分与理化性质

　　1. 蜂胶的化学成分　蜂胶的成分因蜜蜂采集蜂胶的季节、地区不同而略有差异。从蜂箱里收集的蜂胶，含有大约55%树脂和树香、30%蜂蜡、10%芳香挥发油和5%花粉类杂物。研究表明，从蜂胶中已经分离出20余种黄酮化合物，其中属于黄酮类的有白杨素、刺槐素、杨芽黄素等；属于黄酮醇类的有良姜素、山奈素、槲皮素及其衍生物等；属于双氢黄酮类的有松属素、松球素、樱花素、柚皮素等。

　　蜂胶中所含黄酮类化合物品种、数量之多是任何一种中草药所不及的，其中分离出的某些黄酮化合物在自然界还是首次发现，如5,7-二羟基-3,4-二甲氧基黄酮和5-羟基-4,7-二甲氧基双氢黄酮等。从蜂胶中还分离出了下列具有生物学和药理学活性的化合物：苯甲酸及其衍生物，桂皮酸及其衍生物，香英兰醛和异香兰醛，乙酰氧基-2-羟基-桦木烯醇等。

　　除此之外，蜂胶中还含有维生素B_1、维生素PP、维生素A原及多种氨基酸、酶及微量元素，如铝、铁、钙、硅、锰、镍、钠、钾、银、镁等。

　　2. 蜂胶的理化性质　蜂胶是一种亲脂性物质，其特点是在低温时变硬、变脆，在温度升高时变软、变柔韧，并且很有

黏性，因此把它叫做蜂胶。蜂胶在 15℃ 以上有黏性和可塑性，15℃ 以下变硬、变脆，60℃～70℃ 熔化为黏稠流体。味清香苦涩，它的色泽依来源和保存时间的不同而异，有铁红色、棕黄色、黄褐色、灰黑色等多种。蜂胶呈不透明固体团块或不规则碎渣状，断面密实不一，有光泽。

（二）蜂胶的质量标准

国家标准 GB/T 24283—2009 规定了蜂胶及蜂胶乙醇提取液的定义及其品质、检验方法，对蜂胶的感官要求及理化指标做出了详细的说明。

1. 定义

蜂胶：蜂胶是工蜂采集植物树脂等分泌物与其上腭腺、蜡腺等分泌物混合而制成的胶黏性物质。

蜂胶乙醇提取物：乙醇萃取蜂胶后得到的物质。

2. 感官要求
国标上对蜂胶及蜂胶乙醇提取物的感官要求均作出了说明，具体如表 8-6、表 8-7 所示：

表 8-6　　蜂胶的感官要求

项　目	特　征
色　泽	棕黄色、棕红色、褐色、黄褐色、灰褐色、青绿色、灰黑色等，有光泽
状　态	团块或者碎渣状，不透明，约 30℃ 以上随着温度的升高而逐渐变软，且有黏性
气　味	有蜂胶特有的芳香气味，燃烧时有树脂乳香气，无异味
滋　味	微苦，略涩，有微麻感和辛辣感

表 8-7　蜂胶乙醇提取物的感官要求

项　目	特　征
结　构	断面结构紧密
色　泽	棕色、褐色、黑褐色，有光泽
状　态	固体状，约30℃以上随温度升高而逐渐变软，且有黏性
气　味	有蜂胶所特有的芳香气味，燃烧时有树脂乳香气，无异味
滋　味	微苦，略涩，有微麻感和辛辣感

3. 理化要求　蜂胶及蜂胶乙醇提取液的理化要求应该符合表 8-8 所示。

表 8-8　蜂胶及蜂胶乙醇提取物的理化要求

项　目	蜂　胶		蜂胶乙醇提取物	
	一级品	二级品	一级品	二级品
乙醇提取物含量（克/100克）≥	60	40	95	
总黄酮（克/100克）　　　≥	15	8	20	17
氧化时间（秒）	22			

（三）蜂胶的作用与功效

1. 消炎抑菌作用　蜂胶能抑制多种细菌和某些病毒的生长，具有良好的杀菌、消炎作用，尤其是对革兰氏阳性细菌。在医疗中可用作抗菌剂、治疗皮肤病、口腔和胃肠道溃疡等。蜂胶的醇或醚提取物对常见的真菌、癣菌、絮状癣菌、红色癣菌、铁锈色小孢子菌、石膏样小孢子菌、羊毛状小孢子菌、大脑状癣菌、石膏样癣菌、断发癣菌、紫色癣菌等都有抑制作用，对黄瓜花叶病

毒、烟草斑点病毒、烟草坏死病毒和 A 型流感病毒都有较好的杀灭作用。

2. 降血糖、降血脂的作用　蜂胶能有效防治心血管疾病。原因是蜂胶中含有丰富的黄酮类、萜类物质，具有促进外源性葡萄糖合成肝糖原和双向调节血糖的作用。同时，蜂胶也可通过活化细胞，促进组织再生，修复病损的胰岛细胞和组织，从而对糖尿病患者具有调节血糖的效应。

3. 抗癌作用　抗肿瘤作用是蜂胶最引人注目的生理活性作用，蜂胶具有抑制或消灭肿瘤细胞作用，而不影响正常细胞。含有大量的黄酮类化合物是使蜂胶具有抗肿瘤活性原因之一，其中抑制肿瘤细胞生长活性最强的为皂草黄素、桑黄素、儿茶精等。含有大量的槲皮素对多种致癌物有抑制作用，还能抑制多种癌细胞的生长，对卵巢癌细胞、结肠癌细胞、骨髓癌细胞、白血病细胞、乳腺癌细胞、淋巴瘤细胞的生长，都有抑制作用。

4. 抗氧化活性　蜂胶醇提取液中黄酮类和咖啡酸酯类具有较强的清除自由基和抗氧化能力，抗氧化、清除自由基能力最强的是高良姜素和白杨素。蜂胶提取物中的咖啡酸苯乙酯可阻止肾脏和肺病变的发生。巴西蜂胶的水提取物中分离出的苯基丙烯酸衍生物的抗氧化活性强于维生素 C 和维生素 E。

5. 保肝作用　蜂胶对于长期喝酒造成的脂肪肝、肝损伤有很强的修复作用，可以有效地预防酒精肝和酒精性肝硬化，预防肝细胞中脂肪的积存，从而对脂肪肝进行有效的预防及治疗。

6. 调节免疫力　蜂胶能强化免疫系统，增强免疫细胞活力，调节机体的特异性和非特异性免疫功能。蜂胶对胸腺、脾脏及整个免疫系统产生强有力的功能调整，增强人体抗病力与自愈力，使人不生病、少生病。蜂胶对流感病毒有灭活作用，秋后吞服蜂

胶，可以增强机体的抗病力，能在冷天预防感冒。蜂胶对感染性疾病的疗效，一方面是通过抑制致病微生物的生长和繁殖，另一方面是通过提高机体的抗病能力，最后起到消灭病原体、使病痛痊愈的作用。

（四）蜂胶的保存

新采收的蜂胶，要及时装入无毒塑料袋内密封，以防止挥发油损失，并于阴凉干燥处保存（冷藏最佳）。不宜露天存放，严禁和有毒、有异味的物品混合保存，严禁与农药等化学物质共同存放，运输时要注意防晒、防水、防污染。

五、其他蜂产品

（一）蜂　蜡

蜂蜡不同于蜂胶，是蜂群中适龄工蜂腹部的 4 对蜡腺分泌出来的一种蜡状物质，蜜蜂用它来建筑巢脾。工蜂的 4 对蜡腺位于腹部最后 4 节的腹板上，蜡腺外面有透明的几丁质蜡板也叫蜡镜。蜡腺分泌出液态的蜡质到蜡镜上，一旦接触空气，便硬化为白色或淡黄色的蜡磷，然后，工蜂用后足将蜡鳞经前足送到上额，通过咀嚼混入上颚腺分泌的物质制成具有可塑性的蜂蜡，即可用于筑造巢脾或封闭巢房口。每筑造一个工蜂巢房需要蜡鳞 50～70 片，雄性蜂巢房 100～120 片；每张巢脾有巢房近 7 000 个，筑造一整张完美的巢脾需要蜡磷 40 多万片，净重 70～100 克。

蜂群中，负责蜜蜡的工蜂主要为 8～15 日龄的内勤蜂，工蜂的泌蜡能力与其日龄密切相关，8～12 日龄的工蜂蜡腺最为发达，泌蜡最多。刚羽化出房的幼龄工蜂，由于蜡腺发育不全，不具备泌蜡能力。老龄工蜂的蜡腺逐渐萎缩，一般不再泌蜡，但当蜂群

失去蜂巢或幼蜂，则老龄工蜂的蜡腺还会再度发育并重新泌蜡。

我国的《神农本草经》记载了蜂蜡主下利脓血、补中续绝伤金创、益气不饥耐老等功效；2005 年版《中国药典》也对蜂蜡进行了描述，说明了蜂蜡具有收涩、敛疮、生肌、止痛的功效，外用与溃疡不敛。随着近代轻工业的发展，蜂蜡的应用范围也越来越广泛，目前已经扩展到了美容、化工、农业、畜牧业等多个行业领域。

1. 蜂蜡的成分与理化性质

（1）**蜂蜡的成分**　国内外的学者普遍认为，脂类是蜂蜡的主要组成成分，比较中华蜜蜂蜂蜡与意大利蜜蜂的蜂蜡发现，单脂类的成分含量最高，中华蜜蜂的蜂蜡中高达 54%，C_{46} 最高，其中软脂酸和三十烷醇形成的脂含量为 21%；意大利蜜蜂的蜂蜡中含量为 43.2%，C_{48} 含量最高。蜂蜡药理活性最重要的物质是以三十烷醇为代表的总烷醇类成分，承担了蜂蜡大部分的营养保健功能。

（2）**蜂蜡的理化性质**　蜂蜡根据颜色可以分为黄蜡和白蜡两种，白蜡是由黄蜡经过漂白以后得到的。根据蜜蜂种类的不同，也可以分为西方系蜂蜡（高酸值）和东方系蜂蜡（低酸值）。蜂蜡在常温状态下呈现固体，具有蜜、粉的特殊香味，断面呈现微小颗粒的结晶状。咀嚼粘牙，嚼后为白色，无油脂味。蜂蜡的比重为 0.95，熔点为 64℃。蜂蜡能够溶于苯、甲苯、氯仿等有机溶剂，微溶于乙醇，不溶于水。但是在特定的条件下蜂蜡可以和水形成乳浊液。

2. 蜂蜡的作用与功效　在现代医学中，蜂蜡由于其独特的生物活性物质：二十八烷醇、三十烷醇、油菜甾醇物、蜂蜡素等，常用于治疗溃疡、皮肤炎症、降血脂、抗炎、镇痛、体外抑菌、提高机体免疫力等方面。随着近代轻工业的发展，蜂蜡的应用范围也越来越广泛，目前已经扩展到了美容、化工、农业、畜

牧业等多个行业领域。已实际应用于化妆品、保鲜剂、牙膏、饲料添加剂等多种功能产品。

（二）蜜蜂幼虫及蛹

蜜蜂幼虫及蛹指的是蜂王幼虫、雄蜂幼虫及蜂蛹。蜜蜂是全变态型的昆虫，其个体发育经过卵、幼虫、蛹和成虫4个阶段。各个阶段的蜜蜂躯体也是养蜂业的副产品之一。蜜蜂幼虫及蛹是一种高蛋白的营养品，可以供人及牲畜食用及保健，具有很高的营养价值及保健作用。

在蜜蜂生长发育过程中，从幼虫期采收即得蜜蜂幼虫，在蛹期采收即得蜜蜂蛹，在成虫期采收即得成蜂躯体；在繁殖季节，蜂群中三型蜂齐全，因而可以同时采得蜂王、工蜂和雄蜂三种个体的幼虫和蛹。目前，已开发利用的蜜蜂躯体产品主要有两种：一是蜂王幼虫，二是雄蜂蛹。

1. 幼虫蜂蛹的作用与功效

（1）提高免疫力　蜂蛹及其水解物多肽成分能有效增强机体免疫能力，并能有效减小化疗对肿瘤患者的造血系统损伤。蜂（幼虫）蛹富含多种维生素和矿物质，经测定，每克鲜幼虫体含维生素 A 89～119 国际单位、维生素 D 6 130～7 430 国际单位，比鱼肝油、牛奶和蛋黄的含量还高；雄蜂蛹中的维生素 A 含量远远超过牛肉，维生素 D 含量是鱼肝油的 10 倍。因此，蜂蛹、幼虫产品是非常好的保健食品。

（2）美容养颜　蜂蛹富含多种黄酮化合物和超氧化物歧化酶（SOD），黄酮和 SOD 是美容日化产品和保健食品中重要功能成分，是具有美容养颜功效的保健食品。

（3）抗肿瘤作用　蜂蛹含有丰富的保幼激素和蜕皮激素，通过刺激环状－磷酸腺苷的合成，可促使蛋白质旋体结构和氨基酸序列的正常化，从而有助于受肿瘤破坏的细胞结构正常化，所

214

以有抗肿瘤作用。国内相关研究表明，蜂幼虫和蛹对小鼠S_{180}肿瘤细胞的生长均有明显的抑制作用，抑瘤率高达59.7%。

（4）健脑益智，促进生长发育　蜂虫蛹是富含高蛋白的营养食品，蜂虫蛹的蛋白质含量占干物质的41%以上，所含氨基酸种类达18种，包括人体所需的8种必需氨基酸，其中，谷氨酸和天门冬氨酸均超过氨基酸总含量的20%。研究表明：蜂虫蛹对保持和改善人体大脑功能，促进脑细胞代谢和大脑发育均有一定的效果；具有健脑益智、增强记忆的功能。

（5）增强体质，延缓衰老　蜜蜂虫、蛹富含多种维生素，尤其维生素B、维生素C和矿物质，能促进体系尽快消除疲劳；蜂虫、蛹还能提高机体抗氧化能力，抑制脂质过氧化，从而起到延缓人体衰老的作用。

2. 蜜蜂幼虫、蛹的保存　蜜蜂幼虫及蛹均是高蛋白的食品，采收完成后需要尽快进行保存。

蜜蜂幼虫在常温下容易发黑变质，必须及时进行保鲜处理。保鲜的方法有低温冷冻（-15℃以下）保存、白酒或食用酒精浸泡保存等；最好的办法是把蜜蜂幼虫经真空冷冻干燥成干粉，这样不但能长期保存活性成分，而且食用方便。方法是将幼虫用胶体磨研成匀浆，过滤后倒入真空冷冻干燥容器中，匀浆厚度6～8毫米，开机速冻至-35℃以下，保持2小时，然后升华干燥，再将冻干的幼虫磨成细粉密封包装即可。

蜂蛹取出后极易腐败，通常需要1小时内及时加工或者置于冰箱里贮存，如果蜂场既无加工能力又无冷藏设备，则应及时送到已约定好的加工厂加工，或送附近冷库贮藏。蜂蛹的运送方法是，先不要从蛹脾上取出，应将蛹脾上的蜂抖掉，装入继箱里，送往加工厂采收交售。一般在常温下6小时以内蜂蛹不会死亡，鲜活蜂蛹可在-15℃下暂时保存3～4天。

雄蜂蛹也可以用盐水烧煮的方法贮存保鲜，把采收的

20～22 日龄雄蜂蛹倒入 1∶2 的盐水中，随收随倒，收集完成后，煮沸 15～20 分钟，捞起雄蜂蛹，倒入竹筛上摊晾风干。其干燥标准是，把雄蜂蛹倒到纸上面再倒回去，以纸不见湿为度。风干的蜂蛹装进透气的布袋中，每袋 1～2 千克，挂于通风处随后用透气的大布袋或笤筐送售。煮过蜂蛹的盐水，每重复使用 1 次，每千克应加入 150 克精制食盐，以保持其具有一定的浓度，这样的雄蜂蛹可暂存 3～5 天。

（三）蜂 毒

蜂毒是蜜蜂用其螫针刺向敌害时，从螫针内排出的毒汁。蜂毒是蜂业生产的重要附产物之一，主要用于医疗行业。蜜蜂中以工蜂的毒汁较多可利用；蜂王毒囊虽大，贮量是工蜂的 5 倍，但毒液的成分与工蜂毒液稍有差异，只因蜂王数量少，没有实际生产的意义；雄蜂根本没有毒腺和毒囊。工蜂的螫刺由已经失去产卵功能的产卵器特化而成，一对内产卵瓣演变并合成腹面具钩的中针，而腹产卵瓣演变组合成螫针，嵌接于中针之下，滑动自如。中针与螫针之间闭合成一毒液道，与接受毒腺分泌液的毒囊相通，毒液经毒液道至螫针端部注入敌体。

在生产中人们采用各种方式激怒蜜蜂，让其排毒，将毒汁排入特定的接受盘中收集起来，成为很有医疗价值的蜂毒。蜜蜂的毒腺由酸性腺和碱性腺组成。酸性腺称为毒腺，它是一根长而薄、末梢有分枝的盘曲小管，末端扩展形成小囊泡，毒腺管的内壁由内分泌细胞、导管形成细胞和鳞状上皮细胞组成，蜂毒的有效活性组分产生于此，毒腺产生的毒汁贮存在毒囊中。碱性腺短而厚，轻微弯曲，它开口于螫刺基部的球腔，内壁由上皮细胞组成，它主要分泌报警信息素。

蜂毒是在蜜蜂出房后开始生成，随着日龄的增长而逐渐增加。到 15 日龄达到最高，20 日龄以后毒腺失去泌毒的功能，一

经排毒后蜂毒量不再增加。工蜂蜂毒的多少与饲料有着密切的关系，在蜂花粉充足的季节，工蜂体内的蜂毒量多。在正常情况下，每只 10 日龄工蜂平均泌毒量为 0.237 毫克，如出房后只供给工蜂糖类饲料，不供给蜂花粉饲料，其泌毒量仅为 0.056 毫克。实践表明，在蜂花粉充足的季节生产蜂毒可获得较高的产量。

1. 蜂毒的功效

（1）治疗神经系统疾病　蜂毒肽能够提高疼痛阈，具有较好的镇痛作用，临床用于三叉神经痛、坐骨神经痛、偏头痛等，具有消炎止痛、活血化瘀、见效快、疗效可靠的特点。近年来，老年性痴呆的发病率逐年增多，国内外尚无特效药物，研究认为蜂产品及蜂毒能清除体内自由基，增加脑部血液循环，改善脑部功能，调节神经系统紧张度，使脑皮质活动正常化，调整物质代谢，从而促进神经本身的修复功能。此外，蜂毒制剂对神经根炎、神经根神经炎、神经丛炎、面神经麻痹、颈椎病、癌性神经痛等神经系统病变均有较好的治疗效果。

（2）治疗风湿性和类风湿关节炎　自 18 世纪以来，关于蜂毒治疗风湿病和类风湿病的报告已屡见不鲜，至今尚未见一例否定蜂毒对其疗效的报道。蜂毒中的多肽具有抗炎作用，能降低毛细血管的通透性，抑制白细胞移行，抑制前列腺素的合成，并能兴奋肾上腺皮质功能，临床常用于治疗风湿性和类风湿关节炎。蜂毒治疗风湿性关节炎和类风湿关节炎，具有起效快、疗效可靠、耐受性好等特点。

（3）治疗高血压　蜂毒中的磷酯酶具有降压作用，这是通过组织胺的释放改变外周阻力来实现的，现已报道，蜂毒可治疗症状性高血压和高血压，另外蜂毒对于更年期症状性高血压有良好的治疗作用。此外，蜂毒对心绞痛、血栓闭塞性脉管炎、动脉粥样硬化等心血管系统疾病也有一定疗效。

（4）治疗支气管哮喘　支气管哮喘是一种常见的发作性变态

反应性疾病。由于发作时支气管痉挛，患者有明显的呼吸困难，并可耳闻喘鸣音而得名。国外杂志曾报道，对280例哮喘者进行蜂蜇、蜂毒注射，结果表明疗效良好，哮喘发作停止，呼吸困难减轻，全部患者自觉蜂毒有祛痰作用，远期有效率达80%。长期的临床实践证明，蜂毒治疗支气管哮喘等变应性疾病用量宜轻，单纯性哮喘和小儿哮喘经蜂毒治疗的效果优于有并发症的病人。

（5）**治疗艾滋病**　德国采用蜂毒破坏病人体内艾滋病病毒的促进剂对病毒的转录，从而根除了病毒扩散体系。研究证明，蜂毒可减少70%的基因转录，使病毒的产生减少99%，蜂毒的优势是直接从内部抑制了病毒的产生。

2. **蜂毒的保存**　直接收集的蜂毒称为蜂毒粗品，如果不除去或不完全去除蜂毒中的糖分，那么蜂毒粗品即可用蒸馏水溶解配成10%蜂毒水溶液，加0.5%药用炭减压过滤，得到澄清透明液体，尼龙布上的蜂毒可用10倍重量的蒸馏水溶解，再加0.5%活性炭吸附，减压过滤得澄清蜂毒水溶液。再将透明水溶液冷冻干燥，除去水分，获得蜂毒冻干粉，可长期保存。

若对蜂毒粗品要求较高，可用氯仿、丙酮脱脂，除去糖分及酸性物质，经反复精制使其有效的生物活性成分不得少于80%（以干燥品计算），再将其冷却干燥成蜂毒精品可长期保存。

第九章
养蜂致富案例与经营策略

一、养蜂致富案例

　　林下养蜂是养蜂的一种较好生产模式，也是山区农民脱贫致富的一种好途径，在实际生产中，有许多成功的案例，本书就其中部分具有代表性的个案进行介绍，期望能给大家的养蜂实践带来一些启示。

[案例1] 一个大学生的创业历程

　　王洪强，四川省安岳县人，2002年毕业于云南农业大学蜂学系，毕业后一直从事蜂产品销售工作，通过多年的摸爬滚打，虽积累了一定的实践经验，但仍感前途渺茫。他一个蜂学专业毕业的大学生，一直不忘通过养蜂带动农民致富的理想。

　　2014年7月，王洪强来到了重庆市彭水县，发现彭水县蜜源植物丰富，农民有养殖中蜂的传统习惯，而且彭水县政府和县畜牧主管部门也非常重视中蜂产业的发展，他便开始在彭水县进行林下养蜂。他根据彭水县野生蜜源林的分布和流蜜情况，在蜂场周边人工种植蜜源植物，春季种植油菜，夏季种植向日葵，秋

季种植荞麦等，使蜂场周边四季都有蜜源。由于他有很好的专业基础知识，又能有效地组织各种蜜源开展林下养蜂，很快他的蜂场就发展壮大了，并获得了丰厚的回报，注册成立了彭水县农博农业科技有限公司。公司由县内养蜂骨干、养蜂家庭农场、养蜂专业合作社等企业以参股形式组成，经过几年的努力，公司现有蜜蜂标准养殖场 2 个、标准化蜂蜜加工厂 1 个、国家级示范合作社 1 个、市级示范合作社 1 个、市级示范家庭农场 2 个、参有股份的蜜蜂标准化养殖场 10 个，成为彭水县具有代表性的专业蜂产业公司。为加快蜂产业发展和提升产业化水平，提出了以"公司＋股份合作社（联合社）＋农场（蜂农）"的创新组织模式，推进蜂业全产业链发展的战略经营思路。

王洪强通过林下养蜂，建立的彭水县蜂旭蜂业股份合作社发展带动蜂农 200 多户，2016 年发展林下养蜂 3 000 群，从业人员近 300 人，饲养蜂群总量达 6 000 余群，年产原生态系列蜂蜜 30 余吨，产品远销重庆、浙江、广州、深圳等省（市），实现年产值 600 余万元、帮助农户户均实现收入 3 万～4 万元。先后获得了彭水县"2014 年度优秀新型农业经营主体""2014 年度重庆市农民合作社示范社""2015 年度农业农村工作先进集体""十大彭水名优特产""2016 年度国家级示范合作社""2016 年度渝东南电商产业最具竞争力产品"等称号。

［案例 2］林下养蜂效益高

重庆市武隆县的一位养蜂人，名叫李模，养蜂已经 30 多年了，常年饲养意蜂 180 余箱。每年追花夺蜜，非常辛苦，但生产的蜂蜜大多被压价收购，1 吨最好的洋槐蜜收购价不到 2 万元，卖掉所有蜂蜜除去运蜂费用后的结余所剩无几，遇到流蜜不好的年份还要借路费回家，赚的全是血汗钱，收入太低了！2014 年 10 月他在内蒙古卖掉了所有蜂群，结束了自己长年在外游牧放

蜂的辛苦生活，回家养老。回家后，由于一直从事养蜂工作，怎么也闲不住。2015 年 9 月，他购买 20 群中蜂，开始学习林下养蜂，同时种植五倍子等蜜源植物。由于有饲养意蜂的经验，他很快掌握了林下养蜂技术，饲养管理也得心应手，1 年时间蜂群就发展到了 98 群。

他家住武隆仙女山，天然林场资源非常丰富，周边的农田早已退耕还林，种植了许多蜜源植物，2016 年已取蜜 3 次，由于年初的蜂群不多，采取产蜜与繁蜂两不误的生产方式，共取得中蜂蜂蜜 600 千克、原生态的中蜂巢蜜 150 千克，因此仅蜂蜜的收入就达 18 万元，除去去年购蜂的成本 1.6 万元、购蜂箱的成本 1.5 万元，1 年的收入近 15 万元。他预计明年蜂群可以达到 100 多群，至少可以生产蜂蜜 1 000 千克，林下养蜂让他走上了致富路。

[案例 3] 充分利用柑橘林，大力发展林下养蜂

重庆市万州区位于三峡库区腹心，长江中上游结合部，境内属亚热带季风湿润带，常年平均温度 17℃，气候四季分明，适合各种蜜源植物的生长。万州区太龙镇素有"柑橘之乡"美誉，平均年产量 6 万吨，柑橘种植面积 667 公顷（1 万亩）以上，现已形成集团化、规模化生产，是渝东片区柑橘主产地。近年来，万州区结合三峡移民和退耕还林，大力建设水果种植基地，为发展林下养蜂产业提供了良好的条件，不少农户依靠林下养蜂发家致富。

袁德美，重庆市万州区太龙镇太阳溪致富带头人，她抓住这良好的机遇，大力发展林下养蜂，不仅自己发家致富，还带动一方乡亲走上致富路。她 1999 年开始养蜂，当时仅饲养中蜂 20 群，以小转场的方式进行饲养，养蜂收入只能养家糊口。近年来，她积极参加各种养蜂技术培训，认真观察和了解蜜蜂的生存环境和生活习性，不断学习钻研养蜂知识；她利用柑橘林下闲置的空间

饲养蜜蜂，为了提高蜂蜜的产量，在蜂场周围种植油菜、三叶草、五倍子、山野花等蜜粉源，不仅采到了优质的柑橘蜜、五倍子蜜，蜂群规模还逐步扩大，现饲养中蜂 156 群。她林下养蜂取得成功后，周边慕名前来学习养蜂技术的农户越来

袁德美的养蜂专业合作社会员正在学习养蜂技术

越多，2013 年她在万州区太龙镇太阳溪 5 组流转土地 8.53 亩，建立了养蜂基地和养蜂合作社。通过基地林下养蜂示范和免费技术培训，蜂产品回收、免费上门技术指导等服务方式，吸引带动林下养蜂农户 150 多人。随着合作社蜂农的增加，蜂产品的数量越来越多，为了促进产品销售，袁德美开设了自己的蜂产品直营店，还通过互联网进行营销。同时，开发了巢蜜酒和蜂蜜发酵酒，建立了蜂产品加工厂对蜂蜜等原料进行深加工，大大提高了蜂产品的附加值，年收入达到了 30 万元。

［案例 4］不学手艺学养蜂，林下养蜂成富翁

　　28 年前，年仅 17 岁的重庆市南川区一个名叫广英福的青年刚刚高中毕业，便被家人送去学裁缝。师傅家养了一些蜜蜂，当时的他对养蜂很不以为然，认为蜜蜂产不了多少蜜，可是，当他亲眼看到老师取蜜，手中沉甸甸的蜂蜜时惊呆了，蜜蜂的产蜜能力大大超出了他的想象。当时 1 千克蜂蜜可卖 4～5 元，裁缝和木工等工匠工作一天也只能挣两三元钱。养蜂投入少，也不太费力气，经过一番比较后，广英福认为，养蜂比学手艺划算，于是便萌生了养蜂的想法。他很快找来一些养蜂书籍开始埋头学习，遇到不懂的问题就虚心向别人请教，就这样一边学习一边养蜂。

　　广英福住在重庆南川区金佛山上，对金佛山的野生蜜源植物

非常了解，山上一年四季蜜源不断，他利用五倍子、乌泡、野山花等丰富的蜜源优势，在林下养殖中华蜜蜂；同时，种植中草药玄参、玉簪花等蜜源植物为蜜蜂提供了补充蜜源，特色玄参蜜和中草药蜂蜜获得了良好的经济效益，创造了"林—药—蜂"特殊的养殖模式；广英福林下养蜂获得成功后，他开始带动同乡人员开始林下养蜂，成立了高穴子养蜂专业合作社。连续10年获得养蜂先进工作者称号，2008年被重庆市南川区政府评为农村创业致富能人，2011年荣获中华农业科教基金会神内基金农技推广奖（农户）。

目前，广英福饲养中蜂310群，每群可产蜂蜜7.5～10千克，按每千克160元计算，蜂蜜收入可达40多万；每年可以出售蜜蜂120群，每群800元，可收入10万元，预计年收入可达50万元。

[案例5] 打工不成学养蜂　林下养蜂助成功

唐洪，重庆市南川区头渡镇人，2008年高考失利后，他背上行囊离家打工。1年后，唐洪灰溜溜地回了山里的老家。老父亲什么也没问，让他一起上山干活，便开始跟着父亲学习养蜂。1年后他便把家里唯一的1箱蜜蜂发展到了13群。

头渡镇柏枝山属于南川金佛山的一部分，最高海拔2 227米，四面绝壁，但平缓的山顶却是茂密的原始森林，有丰富的蜜源植物。唐洪想为何不利用这些蜜源植物发展林下养蜂，于是，他立即购买蜂群，在林下办起了一个初具规模的中蜂养殖场。为了扩大养殖规模、加速蜂群的发展、获得更高的产量和效益，他在蜂场周边种植了不同时期开花的蜜源植物，确保蜂场有充足的蜜源，仅几年时间，唐洪就从一个不懂蜂的小伙子，成为南川区知名的养蜂能手。目前，他饲养中蜂300群，每年出售蜜蜂和蜂蜜收入可达30多万元，远远超过他外出打工的收入。

唐洪 2011 年成立重庆市南川区珙桐蜜蜂专业合作社，登记注册蜂农 48 户，带动南川区头渡镇 104 户农民养蜂。2013 年成为重庆市蜂业学会理事；2015 年被重庆市农委评为市级专业合作社示范社，被南川区养蜂协会评为优秀会员；2016 年被国家蜂产业技术体系重庆综合试验站确定为中华蜜蜂示范场。

[案例6] 立志养蜂多艰辛　林下养蜂终成功

养蜂业是投资少、见效快、不争地、不争粮的绿色环保产业。重庆市万州地区蜜粉源植物丰富，为当地发展养蜂业提供了得天独厚的物质基础。万州区抓住三峡移民与退耕还林的良好机遇，大力栽种蜜源植物，发展林下养蜂业，带动了很多山区农民走上了致富路。

万州蜂农陈代明，1985 年高中毕业后因家庭经济条件较差，一直以打零工补贴家用，一次偶然的机会，他看见舅舅在饲养土蜂（中华蜜蜂的俗称），于是拜师学艺养殖蜜蜂，从此走上了养蜂之路。刚开始养蜂，由于养殖技术问题，蜂蜜的产量低、效益差。虽然历经艰辛但从未放弃养蜂。经过不断反复琢磨养蜂技术，他发现要养好蜜蜂，必须要有良好的蜜源。于是，他将蜂场搬到了五倍子树、乌桕树下，开始了林下养蜂，并在蜂场周围栽种各种蜜源植物，慢慢地从一个懵懂的"追蜂少年"变成了一名沉稳的"养蜂达人"。同时，他积极参加各种养蜂技术培训，熟练掌握了现代养蜂技术，如今已是重庆著名的养蜂能手，饲养中华蜜蜂 400 多群，带出来的徒弟们很多成了当地致富带头人。

2010 年 4 月他组建成立了重庆市万州区七和养蜂专业合作社，注册资金 60 万元，专业从事蜜蜂养殖、技术培训、种群培养、蜂蜜加工销售、饲料采购、产品配送等一条龙服务。现有成员 108 户，养殖规模达到 2 000 余群，年产值超 150 万元；辐射带动养殖

规模 100 群以上的养蜂大户 40 余个，每户增收 20 万余元。陈代明通过不断的努力，建立生态林养蜂基地，注册了"陈代明"商标，并拥有了自己的厂房和直销实体店，"陈代明"牌土蜂蜜在万州区各大农副超市上架销售，建立健全了稳定的生产资料供应、中转、贮藏、产品质量检测、销售等配套体系。万州区七和养蜂专业合作社已成为万州区蜂业的龙头产品企业。

[案例 7] 追花夺蜜巧安排　养殖蜜蜂获丰收

刘强是重庆垫江人，今年 44 岁，却有 29 年的养蜂经历。小时候家里的经济来源主要靠父亲养的 20 余箱蜜蜂，他 15 岁开始跟着父亲学习养蜂，19 岁接过父亲的养蜂场，挑起了家庭重担。

刘强养蜂成功的秘诀就是充分了解蜜源植物的开花泌蜜规律，追着花儿养蜜蜂，哪里有蜜源林，他就去哪里养蜜蜂，充分利用油菜、山花等蜜源繁殖蜜蜂，壮大蜂群，再到洋槐、苹果、椴树林中采取商品蜜。他全国各地到处跑，一年四季都不闲：3 月份在重庆垫江采油菜花蜜，4 月份到陕西采苹果、洋槐花蜜，5 月份到甘肃采山花蜜，6 月份到吉林采椴树花蜜，7 月份到内蒙古采葵花蜜，10 月份回到重庆繁蜂，11 月份采野菊花蜜，12 月份去云南繁蜂，然后第二年 3 月份回垫江采油菜花蜜，周而复始。他通过努力，靠林下养蜂取得了良好的效益。

现在，刘强饲养意大利蜜蜂 400 余箱，年产蜂蜜 20 余吨，年产值 100 余万元。他还创办了刘强养蜂专业合作社，有社员 50 多人，养蜂足迹遍布全国各地。

[案例 8] 一个传统农民的"甜蜜生活"

在重庆市武隆县巷口镇黄渡村新春组有个养蜂人叫刘寿怀，世代养蜂。从前，他在自家的房前屋后用传统木桶定地饲养中华

蜜蜂，采用废巢取蜜的方式生产蜂蜜，养殖效益不高，也没有养殖的积极性，任蜂群自生自灭。

近年来，刘寿怀学习了林下养蜂技术，蜂场周围许多土地进行了退耕还林，种上了五倍子树和黄柏等中药材，植被越来越好，蜜源也变得丰富了。于是，他将自己原饲养的中蜂30多群老桶全部改成了新式蜂箱，开始在林下养蜂。如今到他蜂场一看，蜂箱整齐排列在树下，而且还到贵州道真等地转地放养，采集乌桕等蜜源。蜂蜜的产量成倍增长，蜂蜜价格达到了200～300元/千克。

由于采用现代的活框技术与发展林木蜜源相结合，有利于中蜂蜂群的发展，与传统饲养相比，产量提高60%左右。蜂蜜品种增加，主要是药用蜜，营养价值更高，口感也好。客户纷纷提前上门交纳定金争相收购他的蜂蜜。刘寿怀现已饲养蜜蜂近100群，仅五倍子一个花期就取蜜800余千克，收入近20万元。现在的刘寿怀已不再种庄稼了，专门种植蜜粉植物、管理自己的蜂群，丰厚的收入让他过上了真正的甜蜜生活。

[案例9] 回乡创业学养蜂，致富不忘众乡亲

王学潘，重庆市酉阳兴隆镇人，1970年出生在一个普通的农民家庭，由于家境很差就随家乡人到福建打工，但是收入较低。2010年他回到自己的家乡，参加了重庆市畜牧科学院举办的养蜂技术培训班，开始学习养蜂。

重庆市酉阳县平均海拔1000多米，山上林木资源丰富，中药材就有80多种，特别是五倍子、玄参、野菊花等分布广泛，流蜜量也很大，很适合林下养蜂。王学潘就在山林中办起了养蜂场，养殖中蜂100多群，由于蜂场周边蜜粉源丰富，且环境优美、自然生态良好，每年生产的五倍子、玄参、野菊花、山花等成熟蜂蜜价格均在每千克200元左右，年收入超过10万元，远

远超过了他的打工收入。王学潘自己养蜂致富后，不忘乡亲，还将自己学到的养蜂技术传授给其他的蜂农。为了学到更加先进的科学技术，还经常邀请重庆市畜牧科学院蜂业研究所等科研院所专家来为当地蜂农传授养蜂知识，受到当地蜂农的爱戴，成为当地有名的养蜂能手和致富带头人。

二、经营策略

林下养蜂模式较多，但要实现林下养蜂的效益最大化，除了种植蜜源植物、养好蜜蜂外，还必须掌握一定的经营策略。

（一）适度养殖规模

林下蜂场一定要根据周边的蜜粉资源状况确定自己的养殖规模，不要一味地追求大规模饲养，如果蜜粉源植物不足，扩大规模产量不但不会增加，反而会下降。确定适度规模要考虑以下因素。

1. **主要蜜粉源的种类** 只有主要蜜源才能生产商品蜜，其他的辅助蜜粉源，一般只能维持蜂群的繁殖和日常需要；蜂场周边一般要有2个以上的主要蜜源，每年能取2个或以上的商品蜜才能获得较好的经济效益；如果只有1个主要蜜源，这个蜜源开花时气候不佳，蜂农将失去全年所有的收入。

2. **主要蜜粉源的分布情况** 主要蜜粉源开花期最好能分布在不同的时期，如果两个主要蜜源同时开花，蜜蜂往往采集流蜜量大、容易采集的蜜源，放弃其他竞争蜜源，导致其他主要蜜源的浪费，因此，在种植蜜源植物时，尤其要考虑该因素的影响。夏季是我国大部分地区主要蜜源缺乏的季节，因此人工种植蜜源植物最好种植夏季蜜源，使蜂场周边的主要蜜源达到2个或以上。其次，根据蜜源植物的种类和面积，确定养殖蜂群数量，一

般情况每 667 米² 蜜源植物可养殖 1～2 群蜂；开花量大的植物可适当增加养殖数量。

3. 养殖技术　一般情况下，一个技术娴熟的养蜂人员可养 60～80 群蜂，在有帮手的情况下可养 100 群左右；对刚学养蜂的人员一定要先小规模试养，掌握了基本的养蜂技术后，再逐渐扩大规模，降低养殖风险。

4. 周边蜂场情况　由于中蜂飞行的半径一般在 3 千米左右，周边 3 千米内的蜜源植物数量决定了蜂产品产量。因此，养殖规模要考虑周边 3 千米内是否还有其他蜂场，如果有其他蜂场，尤其是西方蜜蜂养殖场一定要适当减少养殖规模。

（二）控制生产经营成本

1. 控制饲料成本　饲料费用是蜜蜂养殖场的主要生产成本，蜜蜂饲料一般分为糖饲料和蛋白质饲料。糖饲料一般可采用蔗糖或蜂蜜调制；蛋白质饲料主要有花粉、脱脂大豆粉、配合蜂饲料等，采用不同的饲料原料，成本差异较大，具有很大的挖掘潜力。主要节约措施有：

（1）选用优质蜜蜂饲料　饲养蜜蜂的蔗糖必须是正规厂家生产的产品，有产品批文、批号和检验报告。作为蜂饲料的花粉必须干净、没有杂质和霉变。饲喂前，花粉饲料必须进行杀菌消毒。只有选择优质饲料才能保证蜂群的快速繁育和健康生长，否则将导致蜂群生病和繁殖障碍，给蜂场带来重大损失。

（2）适时饲喂　在蜂群缺蜜时必须及时饲喂，否则会造成蜂群飞逃或饿死；繁殖期间及时饲喂花粉可提高繁殖能力；流蜜初期适当奖励饲喂可提高蜂群的采集积极性，显著提高蜂产品产量。

2. 降低饲养人工费用　蜜蜂的饲养管理一般在每天的早、晚进行。蜂群检查一般采用箱外观察方法，并做好观察记录，对

出现特殊情况的蜂群，再开箱检查；只有在取蜜、转场等劳动强度大的情况下，临时增加劳动力，以降低人员费用。

3. 加强蜂群的疾病预防 加强饲养管理，增强蜜蜂疾病的预防意识，坚持"防重于治"的经营观念；林下蜂场一定要坚持"饲养强群、蜂脾相称"的管理原则，才能最大限度降低蜂场的疾病防治费用。

（三）增加生产经营收入

1. 选用蜜蜂良种 要获得较好的生产性能，品种是关键，因此，养蜂场要想获得较好的经济效益，一定要选择优良的蜜蜂品种或进行良种培育；其次，加强良种蜜蜂的饲养管理，使之发挥最佳的生产性能。

2. 提高产品质量，增加产品收入 严禁使用违禁药物、严格按国家有关规定使用蜂病防治药物，严格控制蜂场的环境污染，生产无污染、绿色的成熟蜂产品，提高蜂产品收入。

3. 进行蜂产品加工 改变传统蜂场出售鲜蜜的经营方式，根据自身的技术和生产条件，对所产蜂蜜进行加工、包装后销售，不断地开发新产品、拓展新市场，提高蜂产品的附加值。

4. 开展多种经营 以蜂场为中心，结合种植枇杷、梨、猕猴桃等果树蜜粉源，开展多种形式的经营活动，如可以酿造蜂蜜酒、蜂蜜醋；开展蜂蛹、蜂蜡加工。

（四）搞好营销工作，拓展产品市场

蜂产品是备受人们欢迎的保健食品，老少皆宜，但近年来蜂产品市场中掺假使假现象时有发生，导致人们对蜂产品产生了信任危机，严重影响了蜂产品的销售，特别是蜂蜜的销售。只有消除人们对蜂产品的疑虑，净化蜂产品市场，让老百姓买到货真价实的蜂产品，才能很好地拓展蜂产品市场，获得理想

的养蜂效益。

1. 体验式营销 重庆市綦江区一蜂农每当取蜜时，便邀请有购买意愿的客户亲自参加取蜜工作，并备好餐饮。客户通过到蜂场实地亲自摇蜜、取蜜，既体验蜂农养蜂生活的乐趣，又增加了顾客对蜂产品的信任和购买欲，每年所生产的蜂蜜供不应求，价格高达每千克200元以上。

2. 休闲式营销 林下蜂场多建在风景秀丽、山花灿烂的地方，也是人们最想去休闲娱乐的地方。在蜂场周边种植各种蜜源植物，营造良好的休闲环境。让人们在休闲的同时，了解蜂蜜的生产过程，认识蜂蜜的保健作用。

3. 观光式营销 在选择蜜源植物时，考虑观光旅游等因素，如种植大面积的桃树、梨树、李、樱桃等果树。每到花开时节，大量旅客前来赏花。蜜蜂采集繁忙，人们赏花悠闲，让人们直观地感受蜜蜂采蜜、酿蜜的全过程，了解蜂蜜的作用与功效。到果子成熟时，人们还可以到蜂场采摘水果。通过种植果树等蜜粉源植物，吸引大量游客，同时进行蜂产品销售，为蜂农创造更高的收入。

4. 功能式营销 主要是通过种植具有一定功效的蜜粉源植物进行养蜂，生产具有一定功能的蜂产品进行销售的模式。例如，重庆市彭水县生产的五倍子蜂蜜、南川区生产的玄参蜂蜜，还有具有一定中药功效的益母草蜂蜜、枣花蜂蜜等。充分利用人们药食同源的心理，推广林下蜂场生产的优质蜂蜜。

5. 微店式营销 有的蜂场远离城镇，比较偏僻，但地理生态良好，无任何污染，生产的蜂蜜质量好、品质高，但由于交通不便，产品往往销售困难。这种蜂场可采用开设微店的方式进行营销，将生产的产品集中运到物流便利的乡镇，通过互联网销售到全国各地。

（五）加强质量控制，打造知名品牌

随着人们收入的不断提高，保健意识逐渐增强，对蜂产品的需要日益旺盛。但是，人们却不轻易购买蜂产品，究其原因在于人们不能正确地鉴定蜂产品的真伪，怕买到假冒伪劣产品，因此，应从生产源头抓起，控制生产、加工和销售各环节的产品质量，积极进行绿色、有机产品认证；加强产品宣传，提高产品声誉；努力打造产品品牌，提高产品的知名度。

参考文献

［1］余林生. 蜜蜂产品安全与标准化生产［M］. 合肥：安徽科学技术出版社，2006.

［2］董捷. 无公害蜂产品加工技术［M］. 北京：中国农业出版社，2003.

［3］陈盛禄. 中国蜜蜂学［M］. 北京：中国农业出版社，2001.

［4］吴杰. 蜜蜂学［M］. 北京：中国农业出版社，2012.

［5］顾雪竹，李先端，钟银燕，等. 蜂蜜的现代研究与应用［J］. 中国实验方剂学杂志，2007，13（6）：70–73.

［6］刘进. 蜂王浆 10–HAD 提取和饮料加工技术研究［J］. 食品研究与开发，2003（6）：53–55.

［7］许具晔，许喜兰，李晓晴. 蜂王浆保鲜与贮藏方法［J］. 保鲜与加工，2007（3）：55–56.

［8］蓝瑞阳，朱威，季文静，等. 蜂王浆蛋白质提取工艺研究［J］. 蜜蜂杂志，2008（3）：18–20.

［9］蔡柳，林亲录. 蜂王浆的研究进展［J］. 中国食物与营养，2007（8）：19–22.

［10］陈露，吴珍红，缪晓青. 蜂王浆的研究现状［J］. 中国蜂业，63：52–54.

［11］沈立荣，张璨文，丁美会，等. 蜂王浆的营养保健功

能及分子机理研究进展［J］. 中国农业科技导报，2009，11（4）：41-47.

［12］黄盟盟，薄文飞，张林军，等. 蜂王浆的主要活性成分及其保健作用［J］. 中国酿造，2009（2）：152-154.

［13］季文静，胡福良. 蜂王浆抗衰老作用的研究进展［J］. 蜜蜂杂志，2009（9）：8-11.

［14］侯春生，骆浩文. 蜂王浆主要功能、有效化学成分及在食品工业中的应用［J］. 广东农业科学，2008（12）：121-124.

［15］徐响，张红城，董捷. 蜂胶功效成分研究进展［J］. 食品工业科技，2008，29（9）：286-289.

［16］王朝勇. 蜂花粉的主要成分和生理功能及其在畜牧生产中的应用研究［J］. 浙江畜牧兽医，2010（6）：12-14.

［17］刘健掏，赵利，苏伟，等. 蜂花粉生物活性物质的研究进展［J］. 食品科学，2006，27（12）：909-912.

［18］李光，张宁，雷勇，等. 蜂蜡的现代研究［J］. 中国医药导报，2010，7（6）：11-13.

［19］刘红云，童福淡. 蜂毒的研究进展及其临床应用［J］. 中药材，2003，26（6）：456-458.

［20］余林生，吉挺，张中印，等. 生态环境对蜜蜂与蜂产品安全生产的影响［J］. 中国蜂业，2009，60（10）：45-47.

［21］彭涛，杨旭新. 蜂蜜发酵饮料的开发研究［J］. 中国酿造，2010（2）：174-179.